FENG HUANG NV

"凤凰女"的理财手记

DE LI CAI SHOU JI

邢桂平◎著

麻雀变凤凰？平凡的力量，
照样可以点亮金色的梦想。

U0360942

转变你的人生境况，启动你的财富人生，
就从这里开始

· · · · · ·

SPM
南方出版传媒
广东经济出版社
·广州·

图书在版编目（CIP）数据

凤凰女的理财手记/ 邢桂平著. —广州：广东经济出版社，
2014.12
ISBN 978 – 7 – 5454 – 3705 – 8

Ⅰ.①凤… Ⅱ.①邢… Ⅲ.①财务管理 – 通俗读物 Ⅳ.①
TS976.15—49

中国版本图书馆 CIP 数据核字（2014）第 294215 号

出版发行	广东经济出版社（广州市环市东路水荫路 11 号 11 ~ 12 楼）
经销	全国新华书店
印刷	惠州报业传媒印务有限公司 （惠城区江北三新村惠州报业传媒大厦 1610 室）
开本	730 毫米 × 1020 毫米　1/16
印张	10.5
字数	121 000 字
版次	2014 年 12 月第 1 版
印次	2014 年 12 月第 1 次
印数	1 ~ 4 000 册
书号	ISBN 978 – 7 – 5454 – 3705 – 8
定价	26.00 元

如发现印装质量问题，影响阅读，请与承印厂联系调换。
发行部地址：广州市环市东路水荫路 11 号 11 楼
电话：(020) 38306055　38306107　邮政编码：510075
邮购地址：广州市环市东路水荫路 11 号 11 楼
电话：(020) 37601950　营销网址：http://www.gebook.com
广东经济出版社新浪官方微博：http://e.weibo.com/gebook
广东经济出版社常年法律顾问：何剑桥律师

前 言

　　有人说，这个时代，做一个美女就够了，或者，做一个才女也够了。

　　错！大错特错！美丽会褪去，才气会耗尽，唯有财富才能伴随女人一生，成为女人最忠实的伴侣。

　　女人如花，终会凋谢。然而，会理财的女人就如同一朵永不凋零的花朵，妩媚动人，一生注定因为理财而变得更美丽、更精彩。

　　谁说青春一穷二白？谁说年轻时代资产为零？谁说女子不如男？谁说女人就该柴米油盐？谁说理财是男人的专利？

　　如果你会理财，你就是下一个"凤凰女"。

　　这本书讲述了一个出身贫寒的乡村女孩经过自身努力，摆脱贫穷，过上富足生活的理财故事。她靠勤工俭学顺利大学毕业，而后进入一家不大不小的私营公司，拿着微薄的薪水，开始了漫长而枯燥的打工生涯。之后随着职位的升迁，薪水逐渐丰厚，更重要的是她善于理财，因此她在27岁便成为打工族里的"金凤凰"，不仅吃穿不愁，而且手头也有不少积蓄，同时还有几套升值潜力无限的房产。

　　她是如何做到的呢？

　　打工也能发财？女人也能致富？

你是否感觉这只是天方夜谭？这个被大多数打工族女人看作遥不可及的梦，其实也能触手可及。谁说打工一族就只能做"月光族"？谁说打工族就是穷鬼？谁说打工就没有未来？谁说女人就不能成为富人？

　　现在，抛开这些被束缚良久的传统理念，告诉自己：理财，我也行！致富，没问题！

　　不信，你就试试好了。

　　本书以日记的格式，以故事的方式，以女性特有的细腻文笔，告诉我们一个个鲜活的、富有冲击力的理财新理念，并且告诉我们如何做到轻松、理性地理财。可以说，这是一本为二十几岁工薪族女人量身打造的理财手记。在此，你可以在轻松的故事中领悟理财的真正魅力。

目录

第一章
我是生活在北京的"月光族"

2009.4.1　如果毕业时你才理财，你就已经落后了

在大学时，更多的人选择老老实实地读书，而我迫于生活压力，过早地与"铜臭"为伍，这在当时清纯的"象牙塔"世界是不可思议的。

大一时，很多人申请"国家助学贷款"，我没有，我希望靠自己挣钱，所以，我做过很多零散的工作，一个月下来有时候会有上千元，有时候也仅几百元，虽然够花，但手头却没有积蓄。有时候好不容易攒了一千元钱，也是老老实实地存到银行，只有很少很少的活期利息。

当时还傻乎乎地认为大部分人都是这样存钱的，哪里知道"理财"是什么！

真正走入社会以后才知道，理财越早越好，其实，大学时也可以理财。大学理财并不是真的拿些钱去炒股、买黄金等，而是至少要读一些理财方面的书籍，学习理财的知识。如果手头有些积蓄，可以从银行的理财产品做起，比如短期定期存款（3个月、6个月）、货币基金等。这样可以锻炼自己的理财技巧，增强理财意识，不至于进入社

会后，还不懂得理财，让手头的钱闲置。

所以，毕业的时候才理财，其实，已经落后了。

那么，在校园时，作为一名学生的你，该如何理财呢？

首先，要有理财意识。

理财意识其实在人小时候就应该培养了，但是，由于每个家庭对此重视程度不同，大多数人还是到成年之后才知道理财的重要性，而这个时候已经晚了。理财是一个人一生的学问，也是非常重要的课程。学会理财，方能在这个竞争激烈的社会中获得生存的权利，方能拥有富足的生活。所以，在大学阶段，最好极早培养自己的理财意识。同时，多读理财书籍，并结合自己的生活进行理财实践。

其次，正确认识金钱。

每个人对钱的认识不同，有的人认为人活一辈子都是为了钱，有的人则认为人活一辈子有没有钱无所谓，只要快乐就好。这就反映了两种截然不同的金钱观，一种是做金钱的奴隶，一种是做金钱的主人。

如何看待金钱反映了一个人的人生观、价值观，诚然，"经济基础决定上层建筑"，没有钱的人生如一潭死水，无法满足人的生存和生活；然而，人的一生又不仅仅是为了钱，人还需要更多钱无法买到的东西，比如情感、快乐、幸福、成功等。

然后，学会合理安排自己口袋里的钱。

学校里，大部分人的生活费还是由父母承担，每个月家人都会给自己一定数额的钱，这部分钱如果不加以合理使用，就会造成不必要的浪费，到月底时便会捉襟见肘。所以，除了要有节约意识之外，更要合理安排自己口袋里的钱，要学会让父母给自己的生活费不贬值，将钱花在该花的地方。不是要你将钱存入银行，赚取利息，而是要学会有计划地花钱，有计划地攒钱。

最后，利用自己的知识和技能去赚钱。

"君子爱财，取之有道"，这句古话告诫人们千万不可为了钱而走歪道，只有靠自己的知识和技能挣钱才是正道。大学生完全可以靠自己的知识去挣钱，例如比尔·盖茨大学没毕业就成立了自己的公司。

其实，大学生从年龄上讲已经完全是成年人，而成年人完全可以不靠别人而生存。

2009.4.15　1500元的月薪

今天，是我上班的第一天，北京，某杂志社。

2009年毕业后，我来到了北京工作。为什么来北京呢？理由说起来很没骨气，因为男朋友来了北京。我承认自己不舍得丢弃这份感情，但我更希望自己在北京能挣好多好多钱（当时幼稚地认为来到北京就可以挣到钱）。在来北京之前，曾有同学告诉我，北京的机遇很多，工资很高，其实当时我已经签约了某个城市的一所高校，但因为这两个原因，我还是毅然毁约，来到了这个天堂般的大都市。

来了之后我才发现现实与理想的差距很遥远，我苦苦寻觅工作，大多数公司开的工资都很低，竟然还有1500元的工资待遇，公司还不给买保险和公积金。北京消费这么高，这点儿工资够花吗？而且"这都什么年代了"，我的心情瞬间跌到了谷底，对北京这座帝都也很失望。

但失望归失望，总不能转身逃跑吧。别人告诉我，先干着，再找别的。是啊，有一份工作总比没有强，于是，我最后接受了一家杂志社的聘请，我的职位是"文字编辑"。这家公司在北京刚刚创立，一切都毫无头绪，那段时间，我甚至忙着去给公司办营业执照、交税等事宜，从事着与文字编辑毫无瓜葛的工作。我一边埋怨这种牛头不对马嘴的工作，一边趁机如饥似渴地准备考研——我不能一辈子守着一个三流大学的招牌、本科的学历，我要给自己镀个金身，好据此找到一份更好的工作。

我的初衷是美好的，但现实呢？考研大军一年比一年多，压力一年比一年大，就靠我那考了3次都没过的英语四级，能过得了这独木桥吗？

我不是怀疑自己，我是对自己很迷茫，如雾里看花，水中望月，不知路在何方。

而可笑的是，我苦心准备当个研究生，而那些拿着研究生文凭的高级知识分子却挤破头找不到工作。当时，我负责公司的招聘事宜，一天之内竟然收到上百封电子简历，其中大多数求职者毕业于北京的知名高校，更令我震惊的是，居然有北大、清华这样的高级学府里的毕业生，他们的学历甚至有的是研究生。

我简直不敢相信自己的眼睛，就我所在的这个公司，充其量是个小公司，还是个没有正式开始运行的小公司。为何那些研究生要将简历投到这里？我真为他们叫屈。可这同时也说明，现在的研究生已经不是香饽饽了，他们也自降身份，对工作不挑不拣了。

我顿时对自己的学历没有那么自卑了，学历能代表什么呢？这些知名学府的高才生不还是找不到工作吗？

公司里的人也不多，只有老板、主任，以及仅有的新招的5名员工。

不管几个人，终归这也是一家公司。但留在老家的同学的单位比我好几百倍，他们上班的公司大、人多、工资高、待遇好、有前途，而我有什么？这几样我一样都不占，难怪妈妈总说我是个"打工的"。

那段日子我很彷徨，我甚至怀疑这家公司根本做不下去，我也不知道自己的路在何方，只是总在不经意间想起自己的梦想——编辑，所以才常常在烦恼的时候告诉自己要坚持。

"成大事者必有坚韧不拔之志"，我更愿意从"吃得苦中苦，方为人上人"的角度去思考。不是吗，我初出茅庐，一没经验，二没阅历，三没关系，有人给我这个新人练手真的不错了，何况还有钱拿。

"从绝望中看到希望"，新东方的口号一直是我的座右铭。事实上，我不甘心这样的工作，谁不希望得到更多的待遇和更好的机遇？但在自己是块"金子"之前，还是老老实实地做块"砖头"吧。

2009.4.16　我住在北京的"城中村"

从此，我要开始我的漫漫北漂生活了。我相信，有许许多多的女孩和我一样，初来北京，身无分文，或者仅够一两个月的生活费，然后就这样开始了未知的漂泊之旅，只是为了从这个繁花似锦的天堂找到属于自己的梦，或者挣到更多的钱。我想，梦想和金钱，是像我这样的北漂一族们来到这里最原始的出发点吧。但是，这里是天堂，也是地狱，它很残酷的现实就是不管是谁，都要从零开始。

我寄住在朋友家里，当然也是换了几个地方。我一边投简历找工作，一边找房子。当时初来北京的学生族大多居住在五环外的城中村中，比如马连洼、清河、肖家河等，这些地方的房子是四合院式的老宅子，都很老很旧，里面的墙有的都掉了皮，地上铺的还是水泥，院子里的过道也是仅容得下两个人并排而行。

我对这些老宅子的第一印象便是"世界上还有这样的房子"，虽然我出身农村，但在我的记忆里，似乎我小时候，农村的房子也没有这般穷酸。看这房子至少有一百年的历史了，眼看要塌了的感觉，真怀疑众多北漂一族是怎么住的。

　　我当时住在一个叫马连洼的村子里，房间连8平方米都不到，阴暗、潮湿、狭小，仅有一张床、一张桌。床是木板铺起来的，下面是木头凳子，不平的地方用砖头添平。门是老式的木门，上面的油漆已经斑斑驳驳，关门的时候还能听到吱吱哇哇的声音。

　　没有厕所，只能到村子里的公厕去，公厕的卫生情况连马路边的都比不上，人多而杂，脏水横流，散发着阵阵恶臭。

　　哪怕是黑漆漆的夜晚，哪怕是下雨、下雪的冬天，更或者是苍蝇乱飞的夏天，如果在家的时候，都要来这个脏兮兮的小屋上厕所。我是个爱干净的人，这种环境真的让我无法接受，但还要强迫自己去忍受。

　　更令我无法忍受的是，饭也要在外面的过道里做，没有橱柜，没有抽油烟机，只有一张凳子，支起一个煤气灶，连放菜盆的地方都没有，炒菜还要屋里屋外地跑好几个来回，而且要任由别人家的油烟和自家的油烟萦绕在整个小屋里。

　　我很清楚地记得，一次下雨，我淋着雨在外面做饭，屋檐上的雨水滴落在头上，冰凉冰凉的，雨水还落到热气腾腾的锅里，但我没有流泪，也没有觉得自己很惨，虽然现在回想的时候觉得当时真是糟透了，可当时我的内心反而很平静，也许我从小习惯了悲惨和心酸的生活。

　　为什么要住在这里？还不是因为这样的房子是目前北京最便宜的房子啊，一个六七平方米的单间可以容纳两个人，租金才200多元，大一点的10平方米的房子也才300多元。这样的价格连楼房的一个厕所都租不到。朋友说，还不是因为没有钱，如果一个月能挣5000元，谁还会住在这样的房子里呢？

后来，我才知道，附近的楼房一套两居室的租金都到3000元钱了，我月薪才1500元，哈哈，真是做梦啊。

现在回想起来，那段青葱岁月虽然拮据，但是也有别样的乐趣，和朋友们去吃羊肉串、喝啤酒，在三环的天桥上看滚滚车流，午夜在无人的马路上奔跑……那样的生活我想这辈子是再无机会体验了，而当年在一个院子里认识的邻居们也已踏上了各自的生活道路。

2009.4.20 北京的午饭

我在北京中关村一个叫硅谷的地带上班，周围都是清一色的大公司：新东方、海龙、海淀图书城。这里也算是繁华地段了，所以消费自然高了很多，午饭5元都不可能吃好。（现在看来5元真是太少了，但在当时，我的工资大部分都花在了吃上。）

不知从什么时候起，物价比潮水涨得还快，只一眨眼的工夫，以前2元钱买一大份凉皮，还外送辣椒水，现在要4元钱，分量也没以前多了；以前一兜馍馍1元钱，现在要2元了；以前100元钱能买条不错的裤子，现在要200元了；以前一天只花5元钱就能吃得很好，现在花10元钱还吃不到肉。

唉，物价飞涨，工资却为何不涨呢？受苦的还是如我这般的穷老百姓啊！

这些天，我甚至有一顿午饭花掉了10元钱，平时基本上也要七八元。我不舍得花这么多钱在吃上，尽管我知道北京的饭很贵。要知道，我这一顿饭等于妈妈两天的开支啊！

我从上初中起就开始了勤俭节约，在吃的方面从不要求，这么多年已经养成了习惯，从不觉得比别人少什么。

这里有成都小吃，便宜、实惠，然而仅有一家，人也太多，每次去时几乎没有空位。我在这里吃了几次，总是要等很长时间，终于不再去了。

可是其他的饭店不是加州牛肉面，就是大王牛肉面，价位也都是七八元的样子。我去了几次这样的饭店，终于还是不想再去了，因为要学着省钱，因为以后的日子还很长。

同事告诉我不远处有一个地方卖的饭很便宜，我去了两次，还是不想再去了。那里的饭都是在外面做的，北京的风沙刮得厉害，饭里都可以看到大颗大颗的沙粒，而且有飘扬的柳絮，简直就没有胃口吃。不管饭菜的营养如何，至少要保证干净卫生，这是我的底线。

也许以后我该考虑带饭了，这样就可以省些钱。

为了生活，为了房子和汽车，加油！

2009.5.24 合租省钱

今天是周末，男朋友约我出去玩。他叫吴忧，是我的大学同学，我们相恋两年了，感情还算稳定，不过还没到谈婚论嫁的地步。

他家也是农村的，不过比我强的是，他的双亲都健在。他的家庭条件一般，具体如何我也没去考察过，但总觉得也不宽裕。其实，我不太在乎这个，因为我从穷日子走出来，对穷人有一种天生的亲近感，我总觉得穷是可以改变的。

今天，他见了我就笑嘻嘻的，我心想准有事求我。果真，他小心翼翼地说希望我们搬到一起住。我顿时愣住了，没想到他心怀这样的鬼胎。

"不可能。"我一句话把他呛了回去。我们虽然谈了两年恋爱，但我还从来没想过要这么做，我可是个比较保守的人，时下流行的同居我并不赞成。

他也愣住了，兴许没想到我会这样回答。不过，他不放弃，说："如果住在一起，我们就可以一起吃饭，一起租房，会省好多钱。你想啊，现在你租一间房，我租一间房，你每天做三顿饭，我也是做三顿饭，这样多浪费啊，如果我们合住，就省下了一半的钱。"

我被他的话逗乐了："什么逻辑啊，要省钱也不是这样省的啊，你还真会过日子。"

接下来我说："那住到一起，你负责我的一切花销吗？我挣的钱可要全部揣我自己腰包。"他看着我笑了："你真会算计。"我说："是啊，要不你以后把你的工资交我管理，这样也能省钱啊，你拿着还要多花一份呢。"

北京的房租的确很贵，现在一间不到10平方米的、破旧的小屋都要三四百元，而且不久城中村也要拆了，以后住哪还真发愁。

这样一想，我也有些动摇了，日子这么难，不省钱何时才有出头之日啊。何况同居者大有人在，不差我一个，可是，这样做，我就失去了女人的最后一道防线。所以，最后我决定不跟他一起住，也不需要他来养活我，我要自己挣钱自己花。未来不确定，还是靠自己。

但是，我很快作出决定：找个女性朋友合租。

2009.6.1 我是"月光一族"

因为我断然拒绝了他的请求，连续几天他都没有理我，就连今天是"儿童节"也给忘了，要知道人家浪漫的，今天都会送女朋友花的。唉，算了，自娱自乐吧。

今天是周末，难得清闲，我上网看了一些乱七八糟的东西。

有一篇文章一下子吸引了我。这篇文章说的是，《欲望都市》中的凯莉对着满屋的名牌皮鞋却囊中羞涩。迫不得已，她去找前男友Mr.Big，寻找如何使她"升值"的奥秘。

其实凯莉完全可以不用去降低自尊吃回头草，她拥有不错的工作：记者、专栏作家、律师、艺术品经纪和公关经理，收入不菲。但是凯莉花钱大手大脚，特别是爱鞋成痴，几乎把大多数钱都拿来买鞋了，所以她总没有钱支付买房的首付款。

一个女人仅有一份好工作是远远不够的，好工作可以挣钱，但若自己潇洒花钱，不懂省钱，那么最后只能变成凯莉这样的"月光女神"。

"月光女神"，真好听的称谓，我现在何尝不是"月光女神"呢？这个月的工资刚发下来就盼着赶紧发下个月的工资，因为这个月的工资完全不足以应付高昂的账单。

我把钱都花在什么地方了呢？我算了一下自己的收入和支出，网上专家说每个月都要算一下自己是有结余还是负数。

从来北京的第一天起，我就准备了一本账本，专门记录自己每天都买了什么，这样便能清楚地知道自己的钱都花在了什么地方。好记性不如烂笔头，每天记账可以在以后做对账之用。我的记性不太好，总是在买完东西之后，过几天忽然发现钱不够数了。我常常是把花去的钱和结余的钱加在一起，但怎么加就是对不上数，所以心里一直纠结："到底是钱掉了，还是买东西时被人找错钱了？"

所以，为了避免这种自我折磨式的坏毛病，我决定找个本本记下来。菜、米、面、衣服、化妆品、同事聚餐、坐公交车、房租、电话费、电费、水费、女人每月的卫生巾……其中吃占了很大一部分，其他的能省则省。我基本不买零食，平日的一日三餐就占了每天工资的一半，再加上房租、衣服这些"大头儿"，我算了一下，最后的结余是15元钱。

我的天，这与"月光"有何区别？

我的工资本来就不高，加之自己的兴趣爱好广泛，也喜欢买些衣服、书籍，所以根本没钱存，有时甚至要负债，因为在2007年我就申请了招行的信用卡。

信用卡能让我提前消费，但也会使我无节制消费，所以，它也许是让我成为"月光族"的主谋吧。

有人说，女人天生是感性动物，对数字敏感度不够，她们不像男人经常研究公司业绩、市场趋势、宏观经济。所以女人要想手头有钱，一定要懂得节制自己花钱的欲望，懂得省钱，学会记账。

记账，是定期分析各项支出的比重、消费的必要性，然后对每月支出加以控制，从而实现家庭财富增长的理财方式。

这种"油盐柴米酱醋"的记账式理财方式，主要是在节流，贯彻勤俭持家的传统思想，是一种非常有效的理财手段，也是许多女性当家后的必经阶段。

我上大学的时候就有了记账的习惯，主要是知道自己家境不好，感觉伸手要钱不是光彩的事情，而且我的记性不太好，总是在过一段时间之后就不知道钱花在了哪里，所以就拼命回忆，计算所花出去的钱跟当初手里有的能否对上数，时间长了，就慢慢地开始记账了。

（1）分类总结：我习惯把支出分为饮食、服装、人情交际、文化（报刊、影视、话剧等）、日常消费（超市、零食等）、交通、通信等七项，总之，按照自己的习惯来，分成几个大项，定期总结，周、月、季度、年都可以，分阶段、分项的总结可以使自己对花销有个整体的了解，看看自己在哪方面的花销多了，以后可以避免。

（2）逐笔记账：做起来还是有一点难度的。现在已经进入刷卡时代，信用卡的普及解决了很多问题。在日常消费时，我能用信用卡，就尽量刷卡消费，一来可免除携带大量现金的烦扰，二来可以通过每月的银行月结单帮助记账。同时，我会记得索要发票，一来可以更好地保护自己的权益，二来可以在记账时逐笔核对。当发生大额交易而又没有及时拿到发票时，我就及时在备忘录中做记录，以防时间长了遗忘。

但信用卡的弊端就是容易超支，所以要懂得节制。

（3）经常复习：我在记下新的一笔账目时，还会经常翻看以前的记录，然后拿红笔把不该花的标注出来，再看的时候就有罪恶感，以后遇到类似的情况就不会再瞎买了，既控制了购物欲，也养成了好的购物习惯。

总结：记账适合女孩子，特别是有耐心的女孩子。天天记账确实很麻烦，对于没有耐心的女孩子我有一个建议，就是找一个大纸盒子或者巧克力瓶子什么的，好看的、大一些的，把购物小票或者取款的凭单扔进去，没有小票的购物就拿张纸条写上扔进去，定期整理一下盒子，登记每笔支出，也是个变相的记账方法，久而久之就能见到效果了。现在电子记账的网站很多，每天上班前记一下很方便，还有图表统计，科学多了。

"月光族"如果能够学会记账，相信每月月底，就不会再度日如年了。

2009.6.13 忽然想到父亲：我对钱又恨又爱

今天忽然想到父亲。父亲去世已有十几年了。

从我记事起，我家并不算穷，甚至在村子里也可以说算得上中上等的人家。那时候，我父亲是个木匠，他是个勤奋、严谨的人，每到农闲时就给别人家做家具，甚至去当时最繁华的大城市北京"发展生意"。父亲做的家具很好，而且是无师自通——听妈妈说，我爹把家里仅有的一把椅子拆了，于是学会了做家具，这样的事情我至今听起来仍是传奇。这样好的手艺却因为遇上刚刚改革开放，家具总是卖不到很高的价钱，不过在当时，这也算是一份不错的行当。

父亲的经商头脑还算可以，他由起初到各家各户去量身定做，到后来做成成品拉到县城去卖，这中间体现了他当时做生意的头脑以及理财的概念，这多少也影响了以后的我。兴许当时父亲的意识里并不知道什么叫"理财"，但他已经清楚地知道如何管理钱。我只记得父亲善于记账，记他借别人的钱，记别人借他的钱，记每天的花销。这在当时其实是一件很不容易的事，因为他每天从早忙到晚，连休息的时间都没有了，可父亲却坚持了下来。长大后的我也养成了这样一种习惯，真是受益匪浅。

我记得当时父亲说过最有感触的一句话就是："穷在大街无人

问，富在深山有远亲。"他并不是势利的人，但生活就是如此。所以父亲很拼命地苦干，没有星期天，没有节假日，有的只是"哧哧"的电锯声。父亲的理财思想其实很简单，就是：靠自己的双手挣钱，凭自己的意志省钱，用自己的头脑管钱。父亲一辈子很节省，一直过着俭朴的生活，他最烦的人就是好吃懒做之人。父亲靠着这种干劲，早早地就在我们农村盖起了五间瓦房，我们家在当时算是富裕人家了。

而后的几年，由于父亲生病，家里失去了经济来源，父亲去世后，我家算是彻底败落了。穷日子不好过，我记得我考上了初中，却连年都要申请减免学费，尽管当时我的学习成绩优异，但每次看到全班同学都交了学费而我却总要推迟，我小小的自尊心就要受一次打击——我觉得自己的行为跟别人不一样，尽管我知道这并不是件可耻的事，别人也不会鄙视我的行为，但仿佛总无法说服自己接受贫穷带来的压力。

所以，在考上大学之前，我一直都是靠减免学费维持学业的，虽然贫穷给我带来了学习的动力，但更多的是因为贫穷而带来的苦不堪言的滋味。穷，促使我一定要出人头地，要改变现状，所以，钱对于我来说，一直都是改变命运的利器，也可以说是一根救命稻草，以至于我对钱有着又恨又爱的感情。

钱对于人很重要的一个价值，应该就是在生病时，可以用钱来换命，而穷人则只能眼睁睁等死。这话很绝对，却真的在现实生活中比比皆是。君不见，新闻中频频报道某某患病，无钱医治，如何凄惨，幸好有社会好心人搭救，但这样的幸运又有几人可得？多数无钱治病的人还是花光了家里的积蓄，于无奈中死去。就像我的父亲，因为患癌症，在花光了自家的钱和借来的钱，在医院治疗无效后，母亲决然地将父亲带回家中，准备后事。此时，父亲神志尚清，但苦于现实，只能眼睁睁看着他人为自己做棺材。最后，父亲痛苦死去，年仅48岁。

现在想来，如果当时有医保，也许父亲就不会在家苦苦等死，虽然终究难免一死，但至少在尽力医治之后，不会让所有人觉得如此凄惨。

钱，就是这样无情，这样无理，这样无奈。

小时候，我们从没考虑过钱的问题，长大了，却时时刻刻都在想如何一夜之间暴富。钱，在人生中扮演了至关重要的角色，人为财死，鸟为食亡，有几个人能说，他的一生不是在为钱奔波？有几个人可以潇洒地隐居山林，过着世外桃源的生活？所以，我们总是看到很多人的可悲生活：一生忙碌却挣不到几个钱的人到头来终究是为金钱而死，他们有病了不舍得花钱医治，以致等到无可救药还不肯掏出衣兜里仅剩的一把钞票——他们心里还在想着这些钱可以给子孙后代用。这样愚蠢的人如今大概已经不多了，但我却真真地见过许多这样的人。

2009.6.15 加入炒股大军

今天，突然觉得自己也许可以像别人一样到股市里闯闯。很早就听说过"股票""股市"之类的名词，但是觉得这东西太深奥，所以不敢触及，因而股票对于我来说只是个望尘莫及的名词而已。

我是一个比较急躁的女孩，想干什么事情从来都是当机立断，雷厉风行。中午休息时，我就特意上网了解了一下股票这"神奇"的东西。

股票是股份公司发行的所有权凭证，是股份公司为筹集资金而发行给各个股东作为持股凭证并借以取得股息和红利的一种有价证券。

每股股票都代表股东对企业拥有一个基本单位的所有权。同一类别的每一份股票所代表的公司所有权是相等的。每个股东所拥有的公司所有权份额的大小，取决于其持有的股票数量占公司总股本的比重。

我把股票理解得很简单：我出钱找投资公司，公司赚大钱，我只是分红，分红的多少要看投资的多少。机遇把握合适了，就能捞一笔，反之就不赚钱，甚至要赔钱。这是有风险的、刺激的游戏，我的想法就是只要能赚钱，什么事情都要去试一试。

打电话询问了几个在股市里混过一段时间的朋友，我把想加入股市的想法跟他们一说，他们都表示很支持，并给我说了他们各自的一些建议。我归纳了一下，并结合自身条件，决定从中线入手。

这里简单说一下股票的几个专有名词：

短　线

通常指以一个星期或半个月为一个周期，只赚取短期差价收益，主要依据技术图表分析去获取利润。一般做短线通常都以两三天为限，一旦没有差价可赚或股价下跌，就抛掉换其他股票做短线。短线需要一定的技术功底，而且要天天盯着大盘看走势，显然这个对于我来讲并不合适。

中　线

做中线要对股票本身有一番了解，对上市公司近期的表现有一定信心，在恰当的时候以合适的价格买入，一般持有一个月甚至半年左右，以静待升值，博取利润。

长　线

做长线即看好股票的未来，买了股票之后，长期持有（一般起码两三个月以上甚至长达几年），因企业发展而获利。

中线投资有两条原则：首先，要选具有特色或垄断地位的上市公司，这样的公司没有别的公司可以取代，业绩自然能够持续增长。其次，有国家政策的扶持，而且公司有大项目继续运作，未来业绩肯定会大增。

所以去证券公司开完账户之后，我直接购买了中国神华，这只股票是我这几天在网上认真琢磨过的，朋友也比较看好。但是朋友也给了我一些小建议：

（1）中线投资并不是买完之后就放在那里不管了，等到用钱的时候才去看的，至少要一周观看一次，看看自己的收益如何。

（2）收益比较低或者赔钱的时候，要有忍耐性，不要看到跌了就着急上火而急于抛出，因为是中线，一段时间之后都有反弹的可能性。

（3）这也是比较重要的一点，也是大多数股票投资者最应该清楚的一点，千万不要贪，要在自己的心里面定个标准，有个良好的心态，见好就收。

接下来该决定选择哪一只股票了，听人说，选股票犹如选男人，短线看技术图形、听消息。这就像对男人，如果想做恋人，就要看这个人的短期表现，殷勤不殷勤，浪漫不浪漫，能否给你最直接的快乐感受。

而长线投资的股票，则要看这个公司的盈利能力、股息政策、资产价值。这就像男人自身的性格、能力、潜力。短期的表现并不重要，是否有和你踏实稳定度过一生的可能，有没有升值空间才是最重要的。

综合了几个方面的要素，最后我在6月3日买进了中国神华一手，当时入手价为每股26.2元，一共投资了2620元。按照当时一年定期利率2.25%计算，如果存到银行一年，那么我可以得到58.95元的利息，再刨除10元年费，那么我存一年一共可以得到48.95元。我当时的期望值很低，那就是只要高出银行利息就可以了。

在随后的一个月里，我发现我的收益越来越高，心里是既高兴又懊悔。高兴的是我现在每股的价格上升到34元左右，一手可以净赚800多元；懊悔的是当时买得太少了，要是能买上五六手就赚大了。

2009.6.30　胜利来得好快啊

每天，像往常一样，一上班我就打开电脑查看股票行情。6月28日那天，我看到每股竟然飙到了40元左右。我正高兴地盘算着如何再往里投钱，这时朋友来电话了，说是要我在这几天把股票抛出去，别的也没有多说什么。这股票涨得好好的，为什么要抛呢？我这个人在遇到自己不懂的事时，有一个优点，就是当自己不懂时，就参照懂的人。所以，我在迷迷糊糊的状态下，果断地将股票抛了。

几天之后，我打开电脑，哇，股票在这几天果然大跌，一片惨绿，好不狼狈。

而男朋友同时给我打来电话，说他没有抛。

"什么？"我在心里暗暗骂他笨蛋，然后淡然地说："小朋友，还是姐有眼光吧，以后跟姐学着点。"

"你才是小朋友呢，要知道我做股票比你早，凭啥你比我强？"

我呵呵一笑："这就是运气喽，你呀，股票就是游戏，别抱着一定要赢的心态就好了。少赚一点儿没关系，不要赔才是真的。"

这也是我对人生的态度。人生一世，不求大富贵，只求小安稳，小幸福才比较容易满足，这是永远的真理。

我的第一次炒股过程还算顺利吧，这段时间的经历给了我很大感触。我想，大多数人在金钱面前永远都摆脱不了一个"贪"字，人生何不如此呢？如果能摆脱内心的贪婪，止步于未知的利益，或许才能保住既得的利益。如果在股市里面抵挡不住诱惑的话，轻则会长时间被套，重则倾家荡产。

炒股，为什么巴菲特大赚特赚？为什么有的人大赔特赔？为什么大多数人还是只能赚那么一点蝇头小利？说白了，还是不懂炒股，没有摸透炒股的秘诀。

炒股必赚四大法宝：

法宝之一：买进要慎重，卖出要果断

有的人在买股时，因为看了所谓专家的分析，或者过于相信自己的判断，因而买回垃圾股，终于后悔莫及。其实，买股票要如选对象，要慎重再慎重。始终要告诫自己，市场上股票有的是，不可盲目选择。买股时要反复研究、比较，如在同类股票中比较它们的业绩优势、流通盘优势、价格优势、品牌形象优势、技术优势等。选好股票后要锁定跟踪一段时间，然后在大盘回调或个股回调时果断介入。而卖出时则要迅速果断，即自己买入的股票达到了预期涨幅就要果断抛

出，切不可过贪。我一个朋友曾在年初以5.50元的价格重仓买入三木集团（000632），买后一路上扬，其间伴随利好消息不断，直至有一天以10.95元封至涨停。在不到一个月的时间里，每股涨了5.45元。尽管买入时，我计划在8.95元全部抛出，可一见它封上涨停又犹豫了。谁知自那天以后，股价一路下跌，从最高的10.95元一直跌至现在的7.00元。一念之差，就损失了几万元。

我一个朋友在股市里翻滚了多年，这些年的市场历练，使他养成反思的习惯。他认为，做散户还是要找准成长股。在学校学的多是技术指标，虽然走短线、寻找买入时机时仍然要看技术指标，但是真正为他带来财富的，还是对于看好的成长股的坚持。

不破不立，股票真正出现投资价值的时候往往是大家恐慌的时候。他发现，判断市场情绪，如果大家都是看空，或者卖出、空仓的时候，可能真正的机会就到了。他自己总结了一个监测市场情绪的方法：在市场悲观时候，去大的股票论坛发贴，说看好股票市场，如果跟贴的一片看空，甚至有愤怒骂娘的声音出现，就是散户普遍看空、出现市场底部机会的时候。

法宝之二：见利好不追涨，见利空不杀跌

我的一位股友欲买同仁堂，理由是同仁堂发布消息，说不久要到香港上市，前景无量。当时其股价已到了30元的历史高位，我另一位朋友坚决劝阻，认为主力有可能趁利好派发。果真，该股当日创下近期高点后一路下跌，一直跌至22.99元。相反，在利空消息兑现或即将兑现时，不要轻易抛了手中已处低位的股票。有过几年炒股经历的人都会知道，每次基本面的大利空都能引发一轮大行情，此时正是买进

所看好的个股的最佳良机，对于突发性的利空引起的急跌更是如此。

法宝之三：切莫迷信股评推荐

在众多股评人士当中，有真知灼见的确实大有人在。但不可否认，大多数的股评人士忙着上节目，忙着写稿，疲于应付，他们往往只是"看图说话"、随波逐流，看到某只股票形成了上升通道就推荐。其实股票形成上升通道时，股价已经远离了主力机构的底部成本区，随时都可出货。所以，想买好股票，就不要把希望放在股评人士身上，要静下心来，平心静气地自己寻找与分析，从盘小、价低、底部有量而近期又没有被恶炒过的股票中去寻找。

法宝之四：区别对待技术图形中的破位

一般股民一看到自己的股票日K线图上出现破位，就会惊慌失措，急忙抛出。其实，不同的破位情况要不同对待。第一要看它的公司基本面是否发生了重大恶变；第二要看它是否远离了主力成本区；第三要看它是否属于高价股；第四要看其他技术指标是否均已恶化。如属上述原因，则要果断卖出。排除上述原因，则很可能是机构震仓洗筹。如果属于后者，则该股后市的上升会更加有力。或许，这就是所谓的"不破不立"吧！

2009.7.12　无休止的加班=无加班费

今天老板开会说："马上要月底了，工作要赶紧收尾，所以自我感觉最后无法交工的赶紧加加班啊，别到时候还做不完。"

她是笑着说的，可我却笑不出来，我知道她的笑容背后隐藏了什么。果然，老板把加班提到明面上了，这不是明摆着要剥削我们吗？我们当即在QQ上议论这件事。当然，骂老板的还是多的，这年头，老板似乎总是遭受这样的待遇。

最后议论完了，回到现实，还是胳膊拧不过大腿，还得硬着头皮干。

我讨厌加班，说实话，估计没有谁是喜欢加班的，你想，在办公室待了一整天，屁股坐疼了，眼睛看直了，脑袋想傻了，双手打字也酸了，好不容易盼到下班，谁还能做得下去啊，估计只有和尚可以办到——和尚会打坐啊！

可我们是年纪轻轻的小姑娘，谁打过坐啊，没那份定力，也没那个修为，算了，"今天的工作明天也可以做"，自我安慰一番，也就撂下挑子走人了。

为什么我如此做呢？事情是有原因的，之前我初来工作，几乎每天都要晚走半个小时到一个小时，一来是新人嘛，不都要晚走吗；二来，这样也能给老板好印象——这位员工真勤奋啊；三来，也可以利用下班的时间补一下白天因为聊QQ而耽误下的工作。

其实，自己并没有多少忠诚、多么敬业，我也相信，现在的年轻人很多都是冲着高工资才那么拼命的。员工是被剥削者，但又总不想被剥削，更对加班恨之入骨。

现在，让我伤心的是，我加了那么多班，结果得到什么了呢？我比其他同事多得一分钱了吗？没有，反而是我编审的稿子有好多没有发表。

也许这就是现实，我总是想，如果我有钱，不说多，有10万元钱，我就不再过这样的日子了，不需要看老板的脸色了。

即使要看老板的脸色，如果有高工资拿着，心里也会舒服点。唉，我就是对现在的工资不满，真的，我的同学都有3000元、5000元的待遇了，凭什么我就这么少啊？老板总是说，努力工作才有高工资，呸，我现在还不够努力吗？

——呵呵，员工都像我这样想的吗？如果被老板看到，肯定一准把我开了。

权当发发牢骚罢了。

2009.9.22　嫁个北京人，没那么简单

今天，突然觉得为了跟苦苦相爱几年的男朋友继续走下去，我付出了太多太多。首先是母亲的反对，从一开始知道我们谈恋爱，她就不同意，主要是觉得他家太远，而我的观点是以后我们又不在他家里住，跟他家的距离没有关系。但母亲不这么认为，她一直希望我能找一个我们家这边的，为此我们还争论过，争吵过，观点的不合使我们之间的关系产生裂缝，以致我来北京后，母亲很少与我联系，我也是。其实，我不愿意这样，我从小与母亲相依为命，现在她含辛茹苦把我养育大，而我却这样对她，似乎背叛了她一样，我心里是很难过的。

我就这样为了一个原本不认识的人得罪了最亲的人，值得吗？

我突然开始思考这个问题。

想起母亲曾对我说过的"狠话"，想起母亲伤心的眼泪，我的心如刀割一般。她只是希望我不再过穷日子、苦日子，希望我找一个家里条件不错的婆家，自身也有稳定工作的男人，而这些我的这个男朋

友都不具备。

那么，如果我在北京找呢，北京人应该有钱吧，我突然这样幼稚地想。

其实，我不是个势力的女人，但现实逼得我不得不这样，我需要钱，需要在这个到处都需要钱的时代好好地生存、生活，而我男朋友似乎无法满足我。

当时，听说有个同事的朋友找了个北京男人，北京人大多都会侃大山，吹得自己稀里哗啦的，不过人倒也实在，挺真诚。这个北京人看上去挺有钱，穿得人五人六的，还说家里有钱，只要家里对这个女孩满意了，就万事大吉了。

到最后您猜怎么着，女孩和男孩混了半年多，都同居了，女孩觉得男孩不错，就觉得该去男方家里看看了。可谁知，男孩家不在二环三环，也不在四环五环，而是在五环外的六环，一个破破烂烂的村子里，北京的城中村。家里有3层小楼，都住着租客，每户每月几百元的房租，大概10户，一个月也就三四千元的收入，从男孩家里的陈设来看，条件实在一般。

这个女孩最后和男孩分手了。

也许这个女孩也同我一样，有着找个北京人的梦想，但嫁个本地人不是那么简单的，特别是嫁个有钱的本地人更是难上加难。

这样想了想，我又打消了找北京人的念头，何况自己也不出色，没有姿色，没有好工作，更没有钱，凭什么人家会看上我呢？再说，北京人不都是有钱人，北京的男人也不都是好男人。

而且，自从我来北京以来，所认识的人全部都是"外地人"，北京人一个没有，所以，对我而言，要想找个北京男人，真比沙里淘金还难。

哎，算了，北京男人就一定好吗？非也！我现在特相信命运、缘分，是啊，在我如花似玉的年龄就只碰到了我现在的男朋友，除此之外，没有第二个人让我动心，也没有第二个对我动心的男人。于是乎，两个对眼的人就走到了一起，这不是缘分是什么？这更是命运啊！

2009.9.29　我的存折只有5000元

昨晚失眠。之前，我计算这将近半年的收入和支出，发现我们花费太过厉害，我们的工资加起来总共18000元，而账户上我们加起来却只存了5000元。

白天的时候，我说我们挣的也不算少得可怜，那把钱都花哪了啊，是你给谁了吗？我有点开玩笑，并非不信任。

可他愤怒了，于是一场争吵开始了。

我气呼呼地去看电视，看《大长今》，看湖南卫视超级女声的搞笑演唱会，就这样一直僵持到晚上。时间到了半夜一点，我还是毫无困意，他说梦话似的催我赶紧睡，我答应着，却感觉自己的脑子清醒得很。

我怎么了，我脑子里想着很多东西，妈妈，他，结婚，生活，以后的艰难，是我想得太多太远了吗？

一直感觉心头有座大山压着自己，无法呼吸，感到今后生活必定会是艰难的，我和他的日子必定会是艰辛的，而我也必定是要经受如同少年时光里的那些困顿的，要买房子，要养孩子，要赡养老人………我感觉生活的重担一下子向我袭来，我毫无防备，就这样赤裸裸地被生活卷入了永无止境的隧道里。

我好害怕，好担心，这些都是多余的吗？都是没有必要的吗？我只是担心，却并没有怪他，他却以为我说那样的话是伤害了他，是不想和他在一起。

我爱的人，我有什么办法呢，生活压得我好累，而我尽管不想做生活的奴隶，可也不想一辈子生活在社会的底层品尝悲惨的人生，我只想有个简单的幸福生活，不必多么富裕，只要丰衣足食，不必为生计担忧。而我们目前的状况预示着我们今后将会面临很多困难，将会承受很大压力，我只是不想再去品尝这种滋味。

2010.1.14 "老板，你说的年终奖呢"

初来这个公司的时候，我记得老板在几次会议上提到过年终奖的事，说每人按该年所创造的效益来提成，比例为公司本年效益的百分比，具体百分之几我忘了，好像最低也有四五千元钱，高的可达上万元。

他确实说过这样的话，我们当时相信了，心里很高兴，干劲也很大。接下来的几个月，大家都摆脱了前一段时间的倦怠情绪，工作士气大涨，有的甚至加班加点也毫无怨言。

这不，眼看到了年底了，大家都在私下议论：今年年终奖会发吗？其实，大家都抱着希望，毕竟看老板平时待人不错，所以也都在心底盘算自己究竟会拿到多少票子。我也是，内心很盼望拿到较高的奖金，好让自己回老家的时候也风光风光。

今天终于开会了，大家都在盼着一件事。老板东拉西扯了好多，那些在我们看来都是无关痛痒的事。接下来也许会提到那件事了吧，可是最后老板却只字未提。

老板不提，我们做员工的也不敢问，问了好像伸手向老板要钱似的，作为文人的我们还是拉不下这个脸来。

但是就这样哑巴吃黄连吗，我们又不甘心，私下里议论该怎么办，有的说直接去问老板吧，有的说还是等等，等过了年也许老板就提了。就这样，我们的年终奖，我的白花花的票子就暂时搁浅了。

我很失望，年终奖无望了，这工作干着也没什么意思了，人家都有奖金拿，我却拿不到，心里不禁凉冰冰的。

昨天发了本年的最后一次工资，我得到了2466.6元，这是基本工资加上提成的钱。很郁闷的是，这个位数的几毛钱，财会的那个小妞竟然问我有没有1元钱，她说可以找给我4毛，我说没有（其实是懒得去找），后来，她就给了我6个小硬币。我的天，真够抠的，要换作我，直接给1元钱不就得了吗，为这4毛钱至于吗！

不理解，很不理解，这公司怎么了，我当初梦想能在这里实现吗？我走出公司的时候，不禁苦笑了。

2010.2.14　"有钱没钱回家过年"

快要过年了，我却高兴不起来，因为今年没有挣到什么钱。我知道母亲不会因此而说我，但我内心却总是不安，仿佛欠了她的钱一样。

为了买火车票，我去挤队、排队，折腾了好几天还是没有买到。早就听说北京春节的火车票难买，但没想到这么难。几天下来，票没买到，还旷了几天工，少挣了好几百元钱，而且坐公交车和地铁也花了十几元钱。

在火车站时碰到"黄牛"，我没敢买，其实也是没钱买，一张票竟然贵了一倍呢，为了省钱还是算了。

无奈，最后还是托了好朋友才搞定。

游子回家过年的心情是甜蜜且夹杂着苦涩的，虽然"思乡心切"，但却"近乡心怯"。挣到钱的人自然欢欢喜喜，无所畏惧，而像我这样几乎身无分文的人，怎能不感到彷徨失措啊。

回到家，母亲倒是没有提及我在外的生活，她越不提，我越不安，最后索性我主动说起来。为了安慰母亲，我撒谎说在外面很好，公司很好，老板很好。突然母亲说，当时毕业时，让你在老家教书，你就是不愿意，现在在外面能挣多少钱啊，再怎么也是个打工的。

母亲的最后一句话刺痛了我，是啊，我这个打工的还是个初级打工仔，身无分文。

母亲是个农村妇女，不会表达，只会朴实地说出心里话，她希望我好，希望我可以挣得多一些，其实，她是不想我再受苦受罪，希望我过上好日子而已。

我心里虽然难受，但也能理解母亲的苦楚。这一年，她的头发白了很多，皱纹也多得不像她这个年龄了，背也驼了，我望着母亲的背影，觉得母亲真是太苦了。

我很自责，没有给母亲带回一分钱，我知道如果我给她，她也不会要我的，但我就是很自责，很自责。

钱，我一定要拥有。

这是今年春节我的心里话，也是我以后的目标。

2010.2.26　"我想有个家，可是就是没有房"

今天我对男朋友说想有一个属于自己的房子，因为现在的房子小、东西多，屋里显得乱七八糟，做饭、洗衣、睡觉都是在这个小屋，稍微活动一下就显得特别乱。每次下班看到乱七八糟的样子，我就无比郁闷，而且更重要的是，因为总是在屋里做饭，所以屋里很脏，这是让我最无法忍受的，屋里的灰尘让我感到无法呼吸。

每天回家我都无法使自己心情好起来，真的没有办法。每当此时，我就想：拥有一套属于自己的房子多好啊，不需要多大多豪华，只要个两居室就可以了，有独立的厨房和卧室，哪怕小点也无所谓。我喜欢自己住的地方干干净净的，而不是干什么都在一间屋里，又脏又乱。可是当我把这个想法告诉男朋友时，他显得很不高兴。

我知道也许我不该说出口，好像这样就显得我对现在条件的嫌弃，使他作为男人的自尊受到了伤害，可是我有这样的想法就不可以吗？我只是希望自己可以住得好一点，难道不说出口就代表我没有这个想法吗？

在北京我住的可以说很简陋，从一开始的水泥地，到后来的地板砖，虽然条件越来越好，但是房子却仍是一样小，也都没有脱离小小单间的模式，依然是把一个屋子当成所有活动的场所。

我觉得活着就该像个样子，人们总是说现在没有钱，等到有钱了再买房，可是早点住上房子不是更好吗？干吗非要等到自己行将老矣的时候再享受生活呢？难道没有钱就是理由吗？现在买个房子也不是非要有多么多的钱，可以按揭，这样不是更好吗？

只是关键的是我们现在还没有定下以后长期在哪里生活，北京这里的房子贵得要死，家里便宜，可是我们回家发展就没有在北京这挣得多。我现在真觉得为难，简直要愁死了。

我说出来并不是针对他而言的，也不是给他施加压力，其实是对自己的一种期望，希望两个人共同努力可以实现这个愿望，可是他以为我在埋怨他，以为我在打击他。

一根草漂浮在城市里，会找不到安稳的感觉，没有家就会心里不踏实。女人不像男人，女人花在家里的时间是永远比男人多的，因为家务大部分都由女人做，所以她不希望自己的家又脏又乱。对家，女人天生有一种依恋感，如果没有一个物质载体的家，她会感觉无依无靠。

所以有人说，爱一个女人，就给她一个家。

如果现在可以租到一个像样的房子也好，但是现在的房子不是太小就是太贵，小的又脏又乱，贵的又不划算，而且明年也许北京的平房就没有了，到时候只能住到楼房去，每个月至少要交1000元的房费。

我希望有个家，可以布置得干干净净的，可是要到何时呢？

第二章

痛定思痛：我要过一辈子穷日子吗

2010.3.1 从今天开始省钱

其实，我一直不是个花钱大手大脚的人，甚至相比同龄的女孩子还有点"小抠"。我从小过惯了一分钱掰成两半花的日子，所以向来都是很节省的人。要知道，我在上大学之前，很少穿新衣服，即使过年的时候也是如此。

然而，自从来到北京，我又开始紧张起来，这里的高消费不是一般人能承受的，即使每天不乱花钱，也难免会饿肚子，我就听说过一个刚毕业的年轻人，一天的饭就是几个馒头。

今天，我审视过去的日子，发现自己还有省钱的空间，比如，可以把化妆品减少一些，可以把衣服减少一些，另外，可以在买东西砍价方面下点功夫，这样一来，也许一个月会省下千把元钱呢。

1. 省钱是攒钱的前提

作为新时代的青年，你知道金钱的作用吗？钱对于我们来说最大的作用就是可以应对生活中的不时之需，作为一名刚刚接触理财的新人，最重要的理财方法之一就是树立攒钱意识。也许你会不屑一顾，但是别忘了，一个百万富翁，一定是先有了1元钱，之后才有999999元，所以，攒钱是理财的重要前提。

如果你能从自己慢慢增加的储蓄中，体会到节俭和拥有存款带来的快乐，那么你的梦想就一定能实现。我们来看看明星是怎么省钱的。

蓝心湄：抠门，抠门，再抠门。

平常从不花心思理财的蓝心湄，聚财的方法是少买东西、少外出，"抠门，抠门，再抠门"！

蓝心湄演出的服装和费用大多数都是由公司支付，她自己根本不用花什么大钱。在平时生活中，她的衣服也以够穿为原则，吃饭就到自己开的餐厅，一切以能省则省为原则。

生活中的蓝心湄对经济是很有打算的。她的开支每月大约为3万元台币，于是她强调："3万元是上限，绝对不能超过！"剩下的钱当然是存入银行，积少成多。

——所以，向蓝心湄学习省钱的秘诀就是"抠门"，设置花销上限。

2. 攒钱是理财的起点

如果说收入是河流，那么财富就是水库。人们常说，花出去的钱，流出去的水，所以，只有留在水库里的水才是你的财。要想攒钱，就要养成量入为出的习惯。女人在消费方面的自制力会比男人稍差一点，但要让一个女人完全像男人那样去消费，是不可能的，如果那样的话，女人就不再是女人了，女人也就不再可爱了。

但是，过度地消费会使你无财可理。怎么去攒，其实方法很多。

最简单的就是用你的工资卡做基金或者保险的定额定投，每个月定时定额地扣取一定费用，如此则既能起到攒钱的效果，又能起到保障的效果。另外，每月固定提取工资的10%～20%存入一个只存不取的账户，长此以往，在你真正急需用钱的时候，你就会有一笔额外的存款。

省钱更是为了攒钱，攒钱才能有钱啊。

2010.3.5　我的省钱招数

上次说到两点省钱的方法，除此之外，我的省钱方法还有很多：

1. 晚上九点去超市

白天是超市的"黄金时间"，一般不会有太多折扣。晚上八九点时超市要打烊了，所以那些不易存放的水果、蔬菜、糕点、熟食等，都会开始打折，价格可能是标签上的一半不到。我平时都是吃过晚饭后去附近的超市，买回一大堆超便宜的水果、蔬菜，我发现这样下来，一个月可以省下将近一半的钱。

2. 去超市购物前列好清单

我常常会有这种体会：去超市之前想好了买什么什么，结果一去之后就收不住手，最后买的"超载"而归，后悔多花了钱。所以，出门前我会先列张清单，看看家里究竟缺什么，并只带正好的钱，这样结账方便、省时，也可以防止冲动消费。而且，别小看在收银台前排队结账的几分钟，很多人都会手痒痒买下陈列在收银台附近货架上的口香糖、巧克力和杂志，这是容易被忽略的地方。

此外，在推着购物车到收银台，把东西递到收银员手里的时候，我还要再检查一遍是否有不需要的东西。有很多东西是一时冲动看着喜欢便下手的，比如，一个布娃娃，也许你并不需要，买回家也是放在一边，所以，尽量还是拿出来。

3. 买打折产品

我在这里列举一个产品：超能洗衣液（不是做广告哦）。在平常不打折的时候，它的价格在同类产品中算是高的，可如果打折的时候，它的价格就非常便宜，还有东西赠送，我就碰到过有购物车的赠送活动，这个购物车价值100多元呢。

很多产品都是这样，也不外乎名牌服装。比如我曾经花30元钱买了一件耐克的春秋夹克，原价158元，这样的话，既满足了自己追求名牌的虚荣心，又省了不少钱，可谓一举两得。

4. 尽量多在蔬菜市场买菜

菜是不小的消费，我对吃不太克扣，不要为了金钱牺牲了健康。但既要省钱又可以吃得好，当然不是去饭店、火锅店，最好的去处就是菜市场，买回去自己做。菜市场的菜在晚上会很便宜，所以总是可以花1元、2元买到一大包菜，这是平时需要花5元、6元才能买到的。而且，如果在路边的菜贩那儿买，他们一般会把卖不完的菜加送给你。我总是可怜路边的菜贩生存不易，所以总是会不好意思要他们送的菜。

5. 别忽略了手机费用

手机是必备品，我的手机很少开通太多功能，就是一个通信的工具，太多的功能会让自己受累。有的人为了显示自己"潮"，会开微信、QQ、电邮等，其实，如果你不是很忙的商业人士，尽量不要开通这些不需要的东西。

此外，手机套餐也是可以省的地方。有的销售人员会推荐利润率最高的套餐，而你可能并不需要。所以，仔细核算自己的通话量，最精确的方法是上网调出通话详单，如此则一目了然，然后，针对自己的话费和需要设置最低价格的套餐。

6. 尽量坐公交

坐公交不丢人，很多名人常常放弃私家车坐公交、地铁。几十里地的路程才1元至10元钱，而打车就贵得多了，但如果真有急事，在我的范畴是人命关天的大事的时候，才需要启动出租车。除此之外，我一个上班族，平常也没啥急事，所以一个月坐不了一次出租车。

7. 下载电子杂志

很多平面杂志都提供电子杂志下载，既环保又省钱，在杂志各自的网站上还可以找到下载链接。有的杂志会节选部分章节刊登，有的则正本提供下载。当然，有些畅销杂志可能不会让你免费下载，比如《三联生活周刊》，需要每期付费4元，但也比从报摊买一本花8元便宜一半。

8. 电影看打折的

没钱就不能看电影了吗？非也。去电影院看太贵，不过也有例外。"星期二全天电影半价"是个不错的选择。有的电影院特地推出"女士之夜"，女人可以享受半价。还有"信用卡之夜"——持指定银行信用卡即可半价。另外，周末早起几个小时，看早场大片最便宜只要10元，最起码也可以享受对折。

9. 出差或旅行时住大学的招待所

去外地的话要住宿，太寒酸的也许连人身安全都保证不了，而经济型酒店很贵，那就瞄准大学里的招待所吧。几十或一百多元就可以住标准间，若在厦门大学、武汉大学、浙江大学这种学校，本身就是一处好景点的话，那就更值了。

10. 别再追着彩票跑

我也曾买过彩票，却一分钱也没中过，从此便再也不买了。"没钱，就买彩票吧"，这看似不错的选择，却隐藏着巨大的危险。统计数据表明：中大奖的概率比你被楼上坠落的花盆砸到的概率还低。所以，不如把你的闲钱放到活期账户里存起来吧，别再指望凭那微乎其微的概率当上百万富翁了。

11. 自带午餐

中午别人都去外面的饭店吃饭，而自己则拿出一个小小的饭盒，会不会很寒酸？

以前，我也曾这样想过，觉得不好意思，同事可能会笑话自己小抠，不过，自己带的饭质量绝对比外面好，而且卫生是它们比不上的。节俭不代表小抠，这是一种美德，可惜很多人都丢掉了，那么，重拾起来不是也挺好的吗，而且自己想吃什么就做什么，经济又实惠。

12. 节约美容成本

贵的美容产品不一定是好的，适合自己的才是最好的。所以，在美容产品方面，没必要追求名牌，一般的中低品牌也是不错的。比如，我就选用一种叫"芭芭拉"的护肤品，这是芦荟提取的，天然无刺激，对于我这样敏感的皮肤甚好，而且价格不贵，一瓶洗面奶才20多元钱，效果也很好。此外，在发型上，之前我爱美，选择烫发，其实烫发最难打理，每天起床要费力地疏通，特别是洗头时，一揉就成了一团，很难梳开。所以，我最后选择容易打理的发型——短发，不用浪费洗发水，更不用浪费时间。

此外，在一篇网上的帖子中还有以下几种省钱方法：

1. 不喜欢的礼物，下次转送给别人

收到的礼物，难免有不对自己口味的，这时，别着急拆吊牌，先收好了！下次有合适场合，加层包装纸再转送给别人。这不是对别人不礼貌，而是把有限资源发挥最大效用。

2. 尽早付清房屋按揭

怎样提前还贷才最划算？专家介绍了三种最省钱的还款方式：将所剩贷款一次性还清；部分提前还款，增加月供，缩短还款周期；部分提前还款，月供不变，缩短还款周期。

3. 找到比购物更持久的快乐

终于完成一桩大case，迫不及待要奖励自己，结果买了平时根本难得穿的昂贵鞋子。本想以此激励自己，却在收到信用卡账单时情绪低落了半个月。购物快感来得快去得也快，研究显示，运动和阅读才是创造

更持久快乐的源泉。

4. 换掉大衣橱

你是否常觉得衣橱太小，放不下越来越多的衣服？其实，换个角度，大衣橱里塞得满满的衣服，究竟有哪几件常穿，又有哪几件穿过一次就压箱底？一个大衣橱，带来的结果往往是：盲目开支、事后后悔以及越来越拥挤的居住空间……快换个小的吧！

5. 开通网络电子记账本

比起纸张记录，在网络上进行消费记账更为随意且简单明了。这种方式大多采用了与博客相结合的方式，注册简单，除了支出、收入等项目外，有的电子记账本还有 "情侣消费" 等有意思的特别栏目。

6. 掌握自己的消费习惯

英国知名理财专家Simonnne Gnessen建议：每个人都应该熟悉自己的消费习惯，找出最易乱花钱的诱因，为下一次冲动购买准备好应对策略。比如刷卡前，问一问自己：这是必需品，还是奢侈品？选择能力范围内的商品，才不会负债累累。

7. 购买电器时认准节能标志

当你购买新电器时，别忘了找一找节能推荐标志，这个标志意味着电器运转成本更低，也更环保。换掉你家的旧电视吧，一年可以节约不少电费呢！

2010.3.6　爱上基金

之前，我从不知道基金是什么东西，只在网络上偶尔看到过这个陌生的名词，当时，我总觉得这个东西与自己没什么关系，而且后来听说我男朋友的同事买基金赔了本，我便对基金不抱好感了。可经过这一年以来逐渐接触了一些理财知识，才发现基金是个好东西，至少不是坏东西。

今天我就与基金发生了一次亲密接触。

我买了3000元的基金——工银瑞信货币基金。

前几天，我去银行存工资，理财经理告诉我可以买一种基金，利率比定期高，而且风险很小，还可以随时赎回，跟活期一样。我当时不以为然，哪有这样的好事，随后也就存成了活期。我才几千元钱，也不够买基金啊。

其实，我想错了，随后我从网上查了这种基金的相关资料，它叫货币基金，是工银瑞信2006年推出的一种契约型、开放式的产品。

工银瑞信基金管理有限公司的网页上这样描述：

本基金为货币市场基金，在所有证券投资基金中，是风险相对较低的基金产品。在一般情况下，其风险与预期收益均低于一般债券基金，也低于混合型基金与股票型基金。根据《工银瑞信基金管理公司基金风险等级评价体系》，本基金的风险评级为低风险。

这么好的事，我当时怎么就没买呢？我后悔死了，白白浪费了好几天的利息。于是，我这次痛下决心，一下子买了3000元。

当时，我就在心里盘算：如果买一个月，这只"母鸡"会下多少蛋？

按当时的七日年化收益率4%来算，这3000元就是：$3000 \times 4\% \times (30 \div 365) = 9.86$元，这么说，每天就是3毛3的收益。而活期呢，当时利率是0.5%，这样算下来，收益是：$3000 \times 0.5\% \times (30 \div 365)$

=1.33元。二者相差了8.53元。

哇，不得了，不算不知道，原来相差这么多！这还是一个月的收益，虽然有波动，但大体也是如此，如果存半年，则这3000元就可以达到50多元钱。存得多，赚得也就更多，反正比活期强，可能跟定期理财也差不了多少，但关键是可以随时赎回，比较方便。真后悔我之前存了好多活期和定期。虽然是小钱，但若早点买这种基金，现在都挣不少了。不过现在亡羊补牢，为时也不晚。

人家都说理财一定要有个好心态，我不能因为丢了以前的"羊"，再把以后的"羊"也丢掉。

我们再来回顾一下2006年这只基金刚发行时与活期的对比。还是以3000元为例：3000×1.734%×（30÷365）=4.27元。活期利率当时是0.72%，则3000×0.72%×（30÷365）=1.77元。二者相差2.5元。

所以说，纵观这几年的情况，这个基金还是挺不错的。

但是，严格来说，任何基金都有风险，只不过风险大小不同，虽然它上下波动，但一般不会出现负数的情况，所以，我建议大家还是可以放心购买。

2010.3.10 初尝基金"胜利果实"

今天一睁眼，我就立马想知道我的基金下了多少"蛋"，那种心情真是比要见明星还激动。

我打开电脑，焦急地等待页面快快打开，"哇"，我看到前几天存进去的3000元，今天变成了3001.32元（这种基金是T+2到账，因此今天才能知道收益），我高兴得差点叫出来，那种感觉真是胜似天上掉下一叠百元大钞。

才仅仅4天，就赚了1元多，真是爽，这真是"坐收渔翁之利"啊！

我看今天的行情不错，比昨天还涨了0.1个点，于是我按捺不住又买了1000元。反正这些钱暂时也用不着，放着也下不了蛋，还不如存在这里，如果有事要用，也可以随时赎回。

这个时代，房价飙升，物价飞涨，医疗、教育等费用也日益看涨，如何使自己在忙碌的都市生活中轻松舒适，首先应当学习和了解经济，并掌握积极的理财方式。如果你觉得股市风险太大，难以适应，那么你可以投资基金，让专业的资产管理人为你管理钱财。

目前市场上有500多只基金，名目繁多，种类复杂，应该如何选择呢？对于普通女性投资者而言，选择指数基金既简单又放心。指数基金以最简单的低成本获取市场平均收益，可作为长期理财的工具。无论是资产配置、长期持有、波段操作还是基金定投，指数基金几乎能满足各种不同层次的投资需求。正如先锋集团创始人约翰·伯格所言："投资指数基金，至少不会输给市场。"

对于收入不丰、开销又颇大的年轻人而言，要想投资，高额的准入门槛和半途而废始终困扰着"月光族"。幸运的是，随着基金定投的出现，理财梦想不再遥不可及。基金定投作为一种有效的理财方式，可以帮助年轻人摆脱工作几年却依旧两手空空的窘境，为其分担难以独立支撑的生活之重。

我有一个好朋友小常，她高考并没有考上一个理想的大学，于是上了一所大专院校。因为没考上起码的二本院校，跟其他在外地学习的同学比起来，小常感觉自己就像井底青蛙，没见过多大的世面。她觉得，见世面最好的办法就是多出去走走。而大学期间跟父母说想旅游的话，自己感觉不好意思开口，所以参加工作之后，她最大的爱好就是旅游。不管远近，每一年，她都给自己一个或远或近的目标，出去感受外面的世界，看看外面的精彩。

因为大学没考好，一个大专生在目前的职场中，待遇跟职高生差不多，甚至不如一些技术工人。小常目前从事的工作是比较顺应潮流且前沿的网络编辑，看上去十分稳定的这个工作，并不能给她带来什么特殊的社会关系，也没有所谓的灰色收入。

没有太多的闲钱，每到休假的时候，她都要掰着手指头算算：自己银行卡上有多少余额？这点钱能走多远？能去哪里？去了能干什么？

小常总是对我说："我的目标没别人那么远大，比如买房买车。我只想银行卡上多点余额，让每年在选择出游目的时不用考虑费用。"旅游这件事，如果总是跟着旅行社，钱是花不了多少，但她喜欢独自出行，到一个地方进行比较深透的"慢游"，所以特别讨厌跟着旅行社永远忙碌在路上的感觉，如此一来，一路的开销肯定比跟旅行社高很多。

要旅行得更加舒服，钱这东西肯定是不能少的，所以理财这件事，她是想过的，但是她不知道如何下手，而且目前的收入水平，似乎也没有多余的闲钱可打理，这让她很是无奈。

她的苦恼在于，自己怎样才能多挣些钱？多存些钱？

目前，很多人认为："只有富人才需要理财，穷人不需要理财。"只因进行投资理财首先要有一定数额的初始资本，穷人没有初始资本，便无财可理。但是，我认为"富人需要理财，穷人更需要理财"，作为普通大众，在没有任何意外的收获下，更需要通过理财来获得人生的"第一桶金"！

　　小常是一名典型的"月光族"，基本没有什么储蓄，其收入和支出相对稳定，每月的工资除必要开支，净结余1500元，看起来可投资的金额确实不多。但是，投资理财越早越好，时间的力量是无穷的，复利的效力更是神奇的。

　　举例来说，如果一个人从25岁开始每月储蓄1200元，并用存下的钱做投资，到其65岁时，若以年均投资收益率20%来计算的话，可累积上亿元的财富。这是一个令大多数人难以想象的数字，亿万富翁可以如此简单地产生！可贵的是，本案例中的小常已经意识到理财的重要性，接下来就是选择一个适合自己的理财方案，持之以恒地去实现它。

理财建议

　　根据其理财目标，建议如下：

　　理性消费，积累初始资本。本案例中虽然小常说她的收入和支出都相对稳定，但根据其年龄，她应该已经工作2～3年，至少应该会有2万元左右的储蓄，但其现在基本没有什么储蓄。建议小常理性消费，通过合理的理财方式，留出一部分的资金用来投资，这部分投资理财的金额每月固定为600元，分别投资于两只基金定投，通过签订定投协议，可以实现强制储蓄的目的。按照年化收益率8%计算，几年下来，可以为小常积累人生的"第一桶金"，用于自己的婚嫁或其他项目的投资。

　　聚沙成塔，积累旅行资金。因小常的理财主要目标是为了自由自在地旅游，针对此理财目标，建议小常每月从净结余中安排400元，投资到"利添利"类的货币基金账户，将工资卡和"利添利"投资账户进行绑定，每月定期进行投资，一年可以积累5000元左右的资金，完全可以实现小常出去走一走、看一看的旅游目标。针对此项，建议小常旅行应是一种体验和感悟式的过程，真正的旅行不在于发现新的景点，而在于拥有新的视野。所以，这部分的资金安排得相对较少，建议将旅行视为人生的一种经历、一种体验，随遇而安，这样可以节约部分费用。

未雨绸缪，准备培训资金。针对小常目前的工作收入情况，建议小常可参加一些提升自己专业能力的培训，通过培训来完善自己的工作技能，增加自己职业晋升的机会。这部分培训资金每月固定支出200元，有了专业技能之后，建议小常做一些兼职的工作，丰富自己的职业生涯。毕竟人生对于她来说还很长，不断投资自己，才是最好的投资。

居安思危，准备紧急备用金。小常的日常生活已然无忧，但为了应对临时性的其他支出，建议其将净结余资金的300元存放于活期账户，以便自己在紧急情况下不会捉襟见肘。

结语

财富的积累需要一个过程，而合理地理财可以加速积累的过程，从无到有，从少到多，顺利地实现财富的积累和财富的保值增值。本方案只是一个基于目前资产状况的建议，具体的操作方案可随时间和资产的变化进行相应的调整。

2010.3.11　月薪2500元如何理财

我想每个人对理财都会有不同的理解，因为"理财"这个词汇现阶段已经不再陌生，您没听说过"中国大妈"也成了强有力的投资主体了吗？所以，我觉得自己作为年轻人更不能不懂理财。对于理财，可谓仁者见仁智者见智，但大家都知道一个最浅显的投资道理：几乎所有的金融投资产品都存在一定的投资风险。就拿储蓄存款来说，曾经是国人最喜爱、最简单的投资方式之一，但一个不可否认的现实是，由于通货膨胀和货币时间价值等因素的影响，储蓄存款的收益有可能抵御不了通货膨胀增长的速度，你的资产将随时面临缩水和财富贬值的投资风险。

我想，我这样的低收入人群，还用理财吗？起码在过去的一年里，我是这样想的，所以我也没有理出多少财来。现在，时隔一年，我终于明白，如果强制自己分配钱的比例，也是能理出一些财来的。

整整一年，我存了多少呢？刚开始基本结余为零，之后随着工资提高到2500元，加上提成每个月共3000元，我每个月基本上可以攒下1500元，这样前前后后我攒了1万元，只是大多存成了3个月或6个月的定期，那点可怜的银行利息加起来也不超过1000元钱。

月薪2500元如何理财？刚刚走出校门进入社会的大学生，月薪一般都在2500元左右。钱虽然少了一些，但并不意味着你就不能理财。

最近，我按照这样的比例来分配：

生活费占收入的30％~40％。首先，我拿出每个月必须支付的生活费：房租是400元，水电费是50元，通信费是50元，柴米油盐菜是400元等，这部分约占收入的1/3。它们是你生活中不可或缺的部分，满足你最

基本的物质需求。

储蓄占收入的10％～20％。自己用来储蓄的部分，约占收入的10％～20％。很多人每次也都会在月初存钱，但是到了月底的时候，往往又将存进去的钱取出来了，而且是不知不觉的，总是在自己喜欢的衣饰、杂志、CD或朋友聚会上不加节制。你要自己提醒自己，起码，你要保证你的存储能满足3个月的基本生活。要知道，现在很多公司动辄减薪裁员，如果你一点储蓄都没有，一旦工作发生了变动，你将会非常被动。

而且这3个月的收入可以成为你的定心丸，工作实在干得不开心了，忍无可忍无须再忍时，你可以潇洒地对老板说声"拜拜"。

理财资金应占收入的30％～40％。如果只靠银行的储蓄是赚不了几个钱的，最关键的还是要"钱生钱"，也就是投资。以前，我总认为只有有钱人才能投资，我这点钱能投什么，但是，小钱也有小投资项目。

我目前有1万元的积蓄，我把1万元分为4份，分别做出适当的投资安排：

用2000元买短期理财产品。我会选择收益虽低，但风险同样较低的定期，比如：把这2000元钱做成3个月或6个月的定期，这个投资门槛较低，且不用费心去打理，只要到银行办一个定期存折，把钱存进去就可以了。它最大的好处就是，如果有急事，可以随时取出来，只不过这些钱的利息变成了活期，但也比其他无法取出的投资要强，至少可以缓解燃眉之急。

用2000元买国债。这是回报率较高而又很保险的一种投资。

用2000元买保险。以往人们的保险意识很淡薄，总是认为保险就是骗人的，实际上购买保险也是一种较好的投资方式，保险金不在利息税征收之列。而且保险对自身也有保障，比如一般保险都保重疾、意外等。人们常说，"不怕一万，就怕万一"，有保障毕竟是一件好事。

用4000元买基金。这是一种风险最大的投资，当然，风险与收益是并存的，只要选择得当，就会带来理想的投资回报。不过，参与这类投资，要求有相应的行业知识和较强的风险意识。

货币基金的收益可高于活期储蓄利息的几倍甚至几十倍，又可保证良好的流动性，是普通家庭理财的明智之举。可以先买风险较低的开放式货币市场基金，比如工银瑞信投资公司的"工银瑞信货币"、中海基金公司的"中海货币"、天弘基金公司的"天弘现金管家货币"等众多货币基金。此外，追求高收益的话，还可以买一些风险较高的混合型或股票型基金。目前，我是没这方面的打算。

总之，不要把"鸡蛋"放在一个"篮子"里。

2010.3.12 "白骨精"的基金定投

今天，我竟然才知道我还有一个绰号：白骨精。

都市里的"白骨精"虽然衣着光鲜，收入不低，但或许危机四伏：她们整日为工作忙碌，大多数人的身体都处于亚健康状态；将更多的时间和精力花在工作上，无暇顾及理财，因而总是让钱白白地闲置……

我感觉这里面除了"收入不低"之外，其他的用来形容我再合适不过了。

上午，我去银行存这个月的工资，本来想，就两三千元，直接存成活期就可以了。不料，银行的大堂经理很热心地对我说："存成活期多亏啊，基金定投挺适合你的。"接下来她就将我介绍到理财经理室去，向我详细地讲解了基金定投的概念。

基金定投是基金定期定额投资的简称，是指在固定的时间（如每月8日）以固定的金额（如1万元）投资到指定的开放式基金中，类似于银行的零存整取方式。它的价值缘于华尔街流传的一句话："要在市场中准确地踩点入市，比在空中接住一把飞刀更难。"

基金定投有"懒人理财"之称。如果采取分批买入法，就克服了只选择一个时点进行买进和沽出的缺陷，可以均衡成本，使自己在投资中立于不败之地。

基金定期定额投资具有类似长期储蓄的特点，能积少成多，平摊投资成本，降低整体风险。无论市场价格如何变化，总能获得一个比较低的平均成本，因此，定期定额投资可抹平基金净值的高峰和低谷，消除市场的波动性。只要选择的基金有整体增长，投资人就会获得一个相对平均的收益，不必再为入市的择时问题而苦恼。

基金定投的基本特点和优越性：

1. 办理简单，灵活多变，省心不费事

定投办理很简单，只需要去代销机构办理一次性的手续，此后每期的扣款申购均自动进行。日期选择相对灵活，一般以月为单位，但是也有以半月、季度等其他时间限期作为定期的单位的，代销机构会在每个固定的日期自动扣缴相应的资金用于申购基金，投资者只需确保银行卡内有足够的资金即可，省去了去银行或者其他代销机构办理的时间和精力。

有种方案会自动将客户存入的资金由活期存款转为通知存款或3个月定期存款，可免除客户在通知存款与活期或定期存款间反复选择及操作的不便，在充分保障资金使用流动性的同时极大提高存款收益率，实现轻松理财。

2. 积少成多，累积财富

投资者可能每隔一段时间都会有一些闲散资金，只要把这些资金通过定额基金投资计划所进行的投资增值，就能使我们的资金"聚沙成丘"，在不知不觉中积攒一笔财富。

3. 随时购买，不必关注时点

投资的要诀就是"低买高卖"，不过，在投资时能掌握到最佳的买卖点获利的人并不多，为避免这种人为的失误和损失，投资者可通过"定投计划"投资市场，不必在乎进场时点，不必在意市场价格，无须为其短期波动而改变长期投资决策。

4. 复利效果，长期可观

定投的收益为滚复利效应，即俗话说的"驴打滚"，就是本金所产生的利息会加入本金以后继续衍生收益。时间越长，复利效果越明显，投资者的收益才会体现出来。

因此，不宜因市场短线波动而随便终止，只要长线前景佳，市场短期下跌反而是累积更多便宜单位数的时机。一旦市场反弹，长期累积的单位数就可以一次获利。

另外，货币基金的门槛低。相比之下，银行理财产品最低要5万元，对于职场新人来说并不现实；货币基金赎回通常需要2个交易日，客观上也有强制储蓄的心理暗示和约束，同时，投资时间的选择也更加自由。

5. 基金定投适合的人群范围广

首先是"月光族"。因为基金定投具备"投资"和"储蓄"两大功能，所以发工资后只留下日常生活费用和其他开支费用，剩余的资金就做定投，以强迫自己进行储蓄，培养良好的理财习惯！

其次是薪水比较固定的上班族。小额的定期定额投资方式最为适合这类人群，因为大部分的上班族薪资所得在支付日常生活开销后，结余往往所剩无几，并且上班族大多并不具备较高的投资水平，对于股票，也无法准确判断进出场的时机。所以，通过基金定投这种工具，可稳步实现资产增值！

"不喜欢承担过大投资风险"的人群也比较适合基金定投。由于定期定额投资有投资成本加权平均的优点，能有效降低整体投资成本，使得价格波动的风险下降，进而稳步获利，因此是长期投资者对市场长期看好的最佳选择工具。

2010.3.13　理财需要"趁热打铁"

昨天，当了解了基金的特点之后，我感觉基金是我一直以来梦寐以求的，我不禁心向往之。今天，7点钟我就起床了，吃过早饭，准备好身份证、银行卡，8点30分我就去了银行。理财经理看出了我的心情，赶紧趁热打铁，说：

"那你今天可以先买一些试试，如果合适了，还可以接着买。"

好，我今天就试试看。一直以来，不懂理财的我不是渴望让自己的小钱变成大钱吗？而定期定额的投资理财方式正好可以解决我的烦恼。心动不如行动，我是个急性子，对自己的理财更是"片刻不能停歇"，说干就干，我风风火火地展开了我的定期定额之旅。

虽然着急，但也不能鲁莽，这是我一贯的做事风格。基于对基金定投的不甚了解，我对理财经理展开了询问：

问题1：到哪里定期定额买基金

回答：就目前来看，银行和证券公司等代销机构都开办了此项业务，你只要选定所要定投的基金，就可以到这只基金所属的基金公司网站上查询可以办理定期定额业务的银行或是证券公司，然后携带身份证等相关证件到指定的销售机构提交定期定额投资申请即可。

问题2：决定多少钱投资

回答：办理定期定额业务的门槛非常低，各家代销机构每次的最低申购金额的限制从100元到500元不等。你今年24岁，每月收入3000元，在扣除房租、交通费、通信费和餐费等日常花销以及你为不时之需而保留的储蓄之后，还能结余1000元左右。基金投资是一种长期投资，因此，你把每月的闲钱用于定期定额投资基金是比较适合的。这样看来，你每月用于定期定额投资的金额应为1000元。

问题3：费用知多少

回答：定期定额投资的费用同单笔基金投资一样，包括申购费、管理费、托管费和赎回费。目前国内大部分非货币基金的基金申购费率为1.5%左右，赎回费为0.5%左右。假如你每月定期定额扣款1000元申购基金，若某月扣款当日基金净值为1.060元/单位，申购费率为1.5%，那么你的申购费用就是：1000−1000÷（1+1.5%）=14.8（元）

在扣除手续费后，你当月购买的基金份额为：1000÷（1+1.5%）÷1.060=929.45（份）

基金有两种收费方式：一是前端收费，默认的就是这种，就是在每月买入时按比例交手续费，这增加了定投的成本。如果在银行柜台买，手续费是1.5%；在网上银行买，手续费是6~8折；在基金公司网站上买，手续费最低是4折。赎回时还有0.25%~0.5%不等的赎回费。还有一种是后端收费，就是在每月买入时没有手续费，但持有时间要达到基金公司所规定的时间（3~10年不等），没有手续费，长期下来可以省去一笔手续费。

后端收费的基金有很多，在基金申购费一栏里有说明。华安宝利配置基金、南方500、华安宝利、融通100等都有后端收费。如果你定投基金超过3年以上，就选择有后端收费的基金，这样每月买入就没有手续费，长期下来可以省去手续费。如果少于3年，就没有必要选择后端收费的基金了，不是所有的基金都有后端收费的。

问题4：购买哪个基金作为定投对象

回答：这要看个人的具体情况和未来规划吧。如果你只想让工资的收益超过银行利息，那么购买货币基金更划算；如果想在5年后买房或买车的话，指数型的基金定投还是不错的，不过风险大，要做好长期投资的准备。

最终，还是要根据自己的情况和规划选择基金的类型。她建议我可以先查看该基金几年来的收益状况和投资情况，了解该基金经理和其团队近几年的成绩，理清购买基金的各种手续费（认购、申购、赎回等）。最重要的是，要看它近期的收益率，是否震荡厉害。

定投基金适合长期投资，这样才可以摊低成本，一般至少3年以上。定投基金适合选择股票型基金，因为它们波动大，可有效摊低成本，风险小的基金不适合定投。如果你选择的是风险小的基金，那么不管股市行情好与不好，它都不会涨很多或跌很多，每月买入的价格都差不多，就起不到摊低成本的效果。所以，不适合选择风险较小的基金来定投。

因此，她给了我几点建议：

（1）建议做长期业绩优异稳定的主动型基金，不要做指数基金。你可以看看过去1年、2年、3年和更长时间的定投收益排行，前20%中基本没有指数基金。在中国这样的发展中国家，股市波动大，不成熟的投资者多，不太合适巴菲特推崇的指数投资。不是说定投指数就不合适，如果我们现在可以确认是底部且将进入单边上涨行情，那么指数就是理想标的。除此之外，业绩优异的主动型基金更理想，如嘉实服务、大摩资源等。可以上数米基金网再看看，那里面介绍的定投功能和资料是比较齐全的。

（2）不要随意"拼大饼"。许多理财经理经常给客户的定投"拼大饼"，这本身没问题，问题在于"拼大饼"的标准：指数的一个，大盘的一个，小盘的一个，债券的一个……这种拼凑意义不大，因为你配了个大盘的又配个小盘的，不就相互抵消了吗？到底是看好大盘股还是小盘股呢？我的标准很简单：就是选择业绩突出的，且业绩稳定性好的基金。像大摩资源、嘉实服务、兴全可转债都是长期业绩优良的基金。买基金的本质就是把钱交给专业的基金经理去打理，当然要找理财水平高的。为了防止高水平的基金经理跳槽引起业绩波动或某位基金经理某段时间内发挥不好，所以我们选择3~5个基金分散投资，这样就把基金投资的风险降低了。这种分散才是有实际价值的。

最后，我买了华夏300，每月固定600元。按照年化收益率8%计算，几年下来，我就可以积累人生的"第一桶金"，可用于自己的婚嫁或其他项目的投资。

假若货币基金是入门级的理财产品，那么基金定投就是进阶性质的了。虽然现在股票型基金一年期定投的收益为负，但这只是短期的，最适合定投的金融产品仍然是股票型基金，而且除非经济进入较长衰退期，否则不应断供。当然，前提是定投那些优质基金公司旗下长期业绩表现良好的基金。

如果说不以善小而不为，那么职场新人理财应该做到不以利小而不为。鉴于我目前的资金有限，自己的消费情况以及短时间内资本市场投资风险较大，故现阶段我将以货币基金及基金定投为主。虽然收益有限，但至少比活期和定期都要高，最关键的是培养了自己的理财意识。我相信，随着自己工作的进展、收入的增多和风险承受能力的增加，很快就可以再进行其他方面的投资理财了。

2010.5.1 高中同学买房了

今天偶然从网上了解到一个高中同学买房了，刚装修过，也许现在都住进去了。我并不吃惊，只是多少有些感慨。

在QQ空间上，她上传的房子的照片很多，从开始的毛坯房，到装修的一点一滴，再到最后漂亮的房子完工，每一张照片都在刺伤我的眼睛。那大大的落地窗是我多么梦寐以求的啊，那木质的衣柜、鞋柜也都曾是我渴望的，还有那好看的窗帘、洁白的地板砖，这一切都是我无数遍在脑海中勾勒过的。可是，现在我的同学拥有了这一切，而我没有，我心里多少有些酸酸的。

继而想到：她是如何买的房子呢？也许她是靠父母吧，至少像我们这样刚刚毕业的人是买不起的，即使工资很高的人也不可能在这么短的时间里攒到这么大一笔钱买房。

房子，房子，为什么我从来没有考虑过买房？我震惊自己的落伍，也震惊自己的落后。都是同一年毕业的，人家已经有了属于自己的房子，而我还在原地不动，真的不能不有些感慨，觉得自己应该加油了，不然就落后了。

说实话，尽管我多么渴望住上自己的房子，但我似乎从来没有认真考虑过，总觉得它离自己很遥远。后来仔细想想，早点儿买，住得舒服些还是比晚了要强。

我不是多么羡慕同学有了自己的房子，只是希望自己有一个舒服一点的家，一个像家的家，而不是今天住这里明天住那里，像老鼠一样来回搬迁。可是，我似乎不能有这个想法，难道要等到30岁才可以理所当然地说想要套房子吗？

晚上，我忽然又觉得，即使每一个人都很优秀，每一个人手里都握着大把大把的钞票，每一个人都穿名牌、吃海鲜，我也不会去羡慕他们，我活的是我自己，一个真实的自己。

人要活一种境界，求的是一份淡然，是一种快乐。人不是钱的奴隶。钱再多也不能阻止忧愁、悲哀。

可是没有钱，哪里来的快乐呢？

要知道，没钱的生活也有很多忧愁。

人家说，"贫贱夫妻百事哀""人穷志短马瘦毛长"，都是说穷带给人的无奈和辛酸。没有钱，家庭也许就无法和睦；没有钱，夫妻也许就会生二心；没有钱，梦想也许就无法实现；没有钱，一切人生的希望也许都要落空。

虽然这话听起来颇严重，但这就是现实啊，在现实生活中，谁可以不用花钱而过完一天24小时呢？人，生下来，就是一场交换，用自身的体力或脑力去换取维持生命的金钱。

2010.5.13　两万元一平方米

看到同学买房，我也按捺不住了，好像看到上学时老师贴的考试名次表一样，那种落后的耻辱感真的无法形容。

是啊，毕业这一年多时间里，已经有好几个同学买房买车了，也不知道他们哪里来这么多钱，也许是他们父母资助的，但还是令人羡慕嫉妒恨。

于是，那颗不服输的心又开始沸腾了：难道我要这样穷一辈子吗？

我注定是一个穷人吗？

买了房就高人一等吗？

没有房就低人一等吗？

有了买房的打算，还要想想自己有没有实现这个目的的条件。

我和男朋友都没有那么多钱，两个人加起来总共才四五万元钱，他家里呢？我今天让男朋友问问他家里能否拿出一些钱来。现在很多年轻人买房不都是"啃老"吗，又不是只有我们两个人，心里这样想也就觉得没什么丢人的，反而觉得是理所当然的。

没想到，男朋友说他家里也没有。我有些生气，我说那咱们没房就别结婚了。

一气之下，我打算去买衣服。人家说，女人一生气，消费就提高。还真是，我也是一生气就想花钱，越多越好，好像这样才能解气，才能在钞票递到别人手里的时候有种光荣感。这种理论是不是很奇怪？人家都是在钱拿到自己手里的时候觉得光荣，我生气的时候则完全相反了。也许，女人这时候只是在赌气。

好在，我立马意识到自己的荒唐。转了一圈，一件很普通的衣服竟然要100多元，我摸着自己口袋里仅有的几十元钱，没有再看下去。

——还好，没有大错特错下去，不然，不知道又要花多少呢。

回来时路过一处刚刚打好地基的楼盘，醒目的大字条幅挂在路边的门店上，地产商在售楼处做推销。售楼处布置得富丽堂皇，这在彰显房子的身价多么不菲。围着沙盘模型，站了一大圈密密麻麻买房的人，售楼小姐使劲儿地介绍着他们的房子是多么好。我悄悄地问一个售楼小姐这房子多少钱，她那双漂亮的眼睛上下打量着我，那种眼神表露出不屑。她很不耐烦地说了一句："2万元，你要买吗？"我很生气地说："你有多少套？"她也听出来我是在挑衅，就没再说什么。

走出售楼处，我心里很难过，不就是一个小小的卖楼的吗，又不是卖飞机、大炮的，有什么了不起。难过之余，我不禁惊叹：我刚刚来北京的时候房子才1万多元一平方米，一年每平方米就涨了1万元，那一套房子岂不是涨了100万元左右？

看来，我在短时间内是买不起房的了。

我一下子想起了一部关于房子的电视剧——《蜗居》。剧中，苏淳与郭海萍夫妻感情甚笃，但因钱少难以在江州买房，只得暂住弄堂。海萍极力想改变困境，但苦于房价压力，即使产下一女，也只得送回家乡，一来为二人可以继续上班挣钱，二来可以减缓住房的压力。

这部电视剧反映了多少年轻人的真实生活！戳痛了多少年轻人的心！

房子，在这个科技、信息大爆炸的年代，几乎已经成为每个人不可承受之重，它是沉痛的负担，也是甜蜜的希望。

正如郭海萍所说："要在这个城市里有一个家，这显然是不可能的。我究竟在奋斗什么？"

"我为什么要一个孩子？我要他，难道就为了有一天，他想起我的时候，甚至想不起模样吗？难道就为了有一天给他一套房子吗？难道就为了别离吗？"

无奈、心酸，这滋味恐怕很多攒钱买房的人都曾品尝过。

"我想有个家，一个不需要多大的地方。"歌曲中的话竟然真真地成了现在大多数人的写照。现在，没钱买房就租房似乎顺理成章。其实，租房更省钱，但这不符合人的心理，每个人都有一种占有欲和自尊心，谁想一辈子住在别人的房子里啊，然而，高涨的房价像难登的山巅，让人望而生畏。

2010.6.30　我一定要战死异乡吗

今天，我越来越感到郁闷，北京这么高的房价，我这么低的工资，何时才能拥有属于自己的房子啊！

所以，一天我都无精打采的。因为在北京看不到希望，在目前的这个小公司里看不到希望，我萌生了离开北京的想法。可想到当初为了追求梦想，自己是多么热血沸腾，而今就这样落魄地离开，不免有些不甘和负罪感。我从不后悔自己的选择，但这残酷的现实让我无法呼吸。尤其是踮起脚尖都够不到的高房价，更让我心生退意。于是，我跟男朋友商量今后的去留。

他不答应，说自己也是好不容易来到了北京，就这样没挣到什么钱就回去，真是丢死人了。是啊，跟很多来京打工的人一样，我们也有"不混出个人样，无颜见江东父老"的感觉。然而，我不赞成像项羽一样"无颜过江东"非要战死在异乡的做法，这也许因为我是个女人的缘故，没男人那么要面子。

我决定先了解老家的大形势。我发现，郑州的发展跟北京比较，还是差了一大截，毕竟郑州只是个中小城市，虽然人口多，但经济发展还相对落后。再看看房价吧，5500元，什么？我没看错吧？北京都2万元了，郑州5500元！我不禁无比兴奋，赶紧发短信跟男朋友说了这件事。我说，咱们在老家买房吧，在北京工作，在老家生活，不也挺好吗？没想到，他说："等以后有钱了，我们一定能在北京买房。"我在心里惊叹：这要等到何时呢？

然后我又想，自己回去做什么呢？所以还是先找好退路再说比较好。于是我开始在网上寻找家乡的工作机会。

后来，我看到省教育局下发的公开招聘教师的公告，招聘的学校都是省级、市级的初中、高中学校，竞争肯定很激烈。我知道这条路也很难，但终究决定试试看。

2010.7.15 我的第一套"不动产"（一）

郑州招聘教师的考试是在7月10日，我9日就来到了郑州。在郑州，我住在一个朋友那里，她比我小两岁，刚刚参加工作，住在城中村里。天气很热，很小的房间又闷又潮。但我已经很感激她给我一个容身之地了。

考试还算顺利，一晌便考完了。之后就是等待考试结果了，成绩大概7月底就会出来，这段时间我还要再回北京上班。

考试估计很难通过，因为听说有很多人走后门，我没有熟人，没门可走，又有那么多人竞争，估计够呛了。

在闲暇的这几天，我走访了郑州街头的售楼部。我发现郑州对房子的购买力与北京比还是差了很多，很多人都是"刚需"的年轻人，跟我一样，新房用来结婚作为婚房，或者是有了小孩的一家三口的容身之所。

我所看的楼盘在金水区一个不错的位置，价格相对较高，为6000元一平方米，不过户型不错，环境优美，一看就很大气。我虽然心动，但也只能先问问价而已，因为自己还没有足够的钱可以买。

听说我要在郑州买房，我那个朋友笑着说："好啊，这样以后我们就可以经常一起玩了。你要一直在北京的话，我看这辈子就见不了几回面。"是啊，这也许是我在老家买房的原因之一吧。

其实，我更是为了离家近一点，离年迈的母亲近点。我希望自己在北京挣了钱，然后回郑州生活，把母亲接来，让她好好享享福。

后来，有人告诉我可以去西边看看，那边更便宜些。

郑州的西区其实是个尘土飞扬的大工地，到处都在盖房，这里相比其他区更为落后一些，好像一切都刚刚开始兴起。

这个地方行吗？我在心里犯嘀咕。最后，看了好几个楼盘，价格果真便宜好多，在5000～5500元之间。有一个还比较满意，它是个70平方米的小户型，我想我们两个人足够了，而且环境好，位置好，正是我想要的。那个售楼小姐看出了我的意向，赶紧让我坐下，给我计算总房款、首付以及应交的一些费用。

这套房子总价36万多元，还赠送半个阳台的面积，算下来单价还不到5000元。真是便宜啊！我兴奋不已。首付2成，也就是7万多元。她极力怂恿我赶快定下，不然下个月就没有优惠了，如果现在交定金，可以5000元顶1万元，还有其他什么什么优惠。说得我有点动心了，但一想，不行啊，我还没有跟男朋友说呢，何况我自己也没那么多首付啊！

然后，我就开始打小算盘了。我现在有2万多元存款，男朋友有3万多元，这样加起来就是5万元，还差2万多元钱，让男朋友问他家里要应该不成问题。

想到自己马上就会有第一套"不动产"了，我的心里甭提多美了。

2010.7.17 我的第一套"不动产"（二）

然而我想得太美了，男朋友家里说没钱，要我们自己想办法。

唉，这么狠心，这么绝情，我心里很难受。

好，我就不靠你们了，最后，男朋友跟他的几个好朋友借了2万多元钱。

就这样，我正式成了一名"房奴"。

今天，拿着这么多钱去售楼部，当全部交给他们的时候，我的心里好难受，这可是我们的血汗钱啊，就这么一下子全被掏空了。

我的心也像被掏空了一样，一点儿也高兴不起来。

买房子之前，我一直梦想买房的时候会很高兴，今天梦想成真了，却怎么也高兴不起来。我为以后一个月一个月地还月供而发愁，也为下一年的装修钱而发愁。

当我跟最要好的朋友欣说起这件事，她却安慰我说："你有了自己的房子应该高兴啊，虽然现在感觉这套房子贵，但往后会更贵的，你看我现在还没房子呢，等以后不知道要涨成什么样呢。"

唉，钱已经交了，再想别的也没用了，一切往前看吧。

我的性格似乎就是这样，没有的时候总想有，到手的时候又不觉得珍贵，就像买衣服一样，买了之后总会说"另一件或许会更好看"，这种心态一直影响我的生活。

好了，不管怎么说，我也算是有房一族了，以后只管还房贷了。

然后，等明年装修好了，就可以入住了。

——我只为着以后的美好生活而欣喜了，完全忘了我俩还都在北京。他会回来吗？我还不知道。

2010.7.29　筋疲力尽，想要逃跑

也许是7月的炎热让人心烦，最近在公司的时候，我总是觉得胸闷，出不来气，好像有石头压在心上。

工作气氛很沉闷，能看得出来大家都缺乏激情，我也是。

想换个工作了。我并不是喜新厌旧的人，只是，老板对我太过苛

刻，他自以为是，高傲自大让人无法忍受，就算你是老板，也没有必要这样。人都是有自尊的，而他完全不顾我的感受，对我恶言恶语，总是说我的不是。就算我做得再差，也没有必要如此对我，你有钱就可以这样吗？我不是那种只为钱而给人工作的人。

什么都是相互的，你给我钱我帮你干活，这是很公平的，但是，我对你尊重，你也应当如此对我。就算是老板，在现在这个社会，也没有什么了不起的，我不在你这干，还有很多工作可以做，为了一份不快乐的工作而出卖自尊，那不是我的原则。

我想的是，既然在一起工作，就要有快乐的心情，不快乐地工作，再有才华的人也不可能做得很好。

对于他的傲慢，我已经受够了。这一周以来，他一直找我的茬，难道我的工作真是如此让他无法忍受吗？真的一点成绩也没有吗？我很努力地做了，却换来他对我的成果的完全否定，我好像真的一无是处。

我不相信，不甘心。

可能我天生的性格决定了我这一生都不会向人示弱——而这正是我致命的缺点。别人都会讨好上司，会察言观色，而我不会，即使我心里明白好像也不会表现，真诚也许真的有错。

那些美丽的，或是成功的人，一定是面对敌人也能够微笑的。自信的人才能做到这一点，就像猫对老鼠。

人在职场，身不由己。我刚入职场，却已筋疲力尽，想要逃跑。也许我不是一个成功的职业人——成功人士应该勇敢杀敌，所向披靡，而我在困难面前却只会逃避。

人在江湖飘，谁能不挨刀？明枪暗箭，这就是社会，这就是人类。哪一个人不是伤痕累累？只不过，有的人伤的是身体，有的人伤的是心，有的人伤的是灵魂。那个伤害别人的人也是一样，就算最后把所有的人都打倒，剩下他一个又能怎么样呢？只不过是一具拥有扭曲灵魂的躯壳罢了。

2010.8.1　为了高薪，跳槽

这一段时间我一直在思考一个问题：

究竟是薪水重要，还是心情重要？

如果二者不能兼得，你会选择哪一个？

事实是：

· 我们低估了自己。

· 为了薪水，我们忍受着工作中的不平等。

· 我们对加班和不能陪孩子倍感内疚。

· 我们失去了应得的晋升机会，却仍忍气吞声。

· 我们接受比男同事低的薪水，却和他们做着同样的工作。

很多人都是这样工作下去的，年复一年，最悲惨的就是薪水和心情二者皆无。

但我们工作就是为了得到这样的结局吗？

也许没有人愿意做这样的工作。就像我一样，这份工作让我伤透了心，待遇本就很低，又要经常加班，更要忍受老板的情人那个女妖精的冷脸色，不仅发财无门，升职更是无望，我实在没办法继续下去了。怎么办？如果离开，我要面临一个月甚至更长时间没有工资的窘境，但若继续，以我的个性，又不知道会与女妖精发生什么不愉快。哎呀，不想了，优柔寡断，难成大事，我心一狠，奶奶的，老娘不干了。

说走咱就走，这才符合我的个性，于是，今天下午我炒了老板的鱿鱼。

出了公司门，我浑身轻松自在，犹若老虎出了兽笼，好想仰天长啸，哈哈，本大王回归丛林了。

这种感觉很爽。

但晚上我就有了不爽的滋味，男朋友通过短信给我算了一笔账：

被你炒鱿鱼的公司给你开的工资是3000元，如果你有幸找到一个5000元月薪的工作，算你走运，但如果找到一个低于3000元的，你的一切都要重新开始。

而且，你能保证多久可以找到工作呢？在北京这个城市，每天的压力可是很大的。

他这样一算，我还真有点恐慌了。

但我不能懊悔，更不能放弃。虽然我心里也没底，但终于摆脱了烦恼的心情，每天都很快乐。只是沉重的生活压力迫使我不得不加快找工作的步伐。

第三章

想翻身，其实也不难

2010.5.3　爱、婚姻与金钱

昨晚，男朋友吴忧打来电话，刚开始我们兴致勃勃地聊天，后来不知怎么竟说到了结婚，他高兴地说：

"我们明年结婚吧，好不好？"

"不好，"我随口答道，"刚毕业，拿什么钱结婚啊？何况我们还没有房子。"

"这好办，我让我爸妈给你些钱作彩礼，这样我们不就有钱了吗？有钱了，就可以考虑买房了啊。"他说得倒轻松。

"你们家能拿10万元彩礼啊？"我质问道。

是啊，这年头，有几个结婚没房子的，彩礼够干什么啊？我估计吴忧家顶多能拿出3万元彩礼。3万元何谈买房？何谈结婚？

之前听说，有女孩因男孩家给的彩礼少而退婚，也有女孩因男孩没有房子而分手，我都觉得荒唐，现在想来，不能怪女孩太现实，实在是这个社会太残酷。

在这个时代，婚姻很大程度上变成了一场交易，用金钱来衡量感情，用房子的大小、彩礼的多少来衡量爱情的厚薄。其实，很多感情无法衡量，不是说在结婚这个过程中花钱多少就代表是否在乎对方。

很多女孩迷失在婚礼的隆重和礼金的多少上，甚至是房子和车子上，却看不清这背后的那个男人是如何一个人了。

婚姻究竟能给人什么？也许正是因为婚姻的贬值，才使得很多女孩花大力气在婚前的众多"要求"上，免得婚后悔青了肠子。正如此，婚姻简直成了可有可无的鸡肋，很多女孩望而却步，很多男孩孤身一人。

曾有个年已不惑之人这样说："结婚的话，只要这个人你不讨厌，是个生理正常的人，是个精神正常的人就可以了，爱与不爱有个屁用。"

我惊叹。爱与婚姻真的毫无关系吗？

他们总是把人生与钱剥离开来，似乎人生就是挣钱或省钱，而与花钱无关。

下面是我们女人在遇到金钱问题时所做的傻事列表：

· 我们为了钱而结婚。

· 我们因为害怕无法解决财务问题而忍受着不堪忍受的婚姻或其他关系。

· 我们让男人做主决定关键的财务问题。

· 我们迷信男人更善于理财的神话。

· 我们迷信男人更懂得投资的神话。

· 我们从不质疑男人的财务决定，这只不过是因为不想冒险伤他的自尊。

· 我们听从所谓的"专家"的理财建议，因为我们觉得自己不够聪明。

- 我们为了息事宁人而选择沉默。
- 我们（至少在财务上）得过且过。
- 由于得过且过，我们被年轻一代的女性抛在身后。
- 我们期望男人会改变。
- 我们安于"还过得去"的生活，尽管真心希望过上"优越"的生活。
- 男人迷路了，又不问路，我们却还跟着他。
- 我们低估了自己。
- 为了薪水，我们忍受着工作中的不平等。
- 我们对加班和不能陪孩子倍感内疚。
- 我们失去了应得的晋升机会，却仍忍气吞声。
- 我们接受比男同事低的薪水，却和他们做着同样的工作。
- 因为必须工作，我们错过了孩子的足球赛和朗诵会。
- 我们经常展望未来，想着："总有一天……"

有个朋友曾说，我要是结婚的话，就找个有钱人。现在的男人，穷光蛋也会出轨，富人也会出轨，那我何不找个富人呢？离婚的时候还能分好多钱。

还没结婚就想到了离婚，这就是现代的婚姻。她的话也许代表了很多女孩的心思，我不也曾经希望找个有钱男人吗？是啊，这个社会到处都要用钱，钱少了还不行，就算有感情，似乎也要拿钱去填充：有钱人可以经常买玫瑰花给女朋友，穷人连顿饭都请不起；有钱人可以一掷千金，只为博美人一笑，穷人在美人想买自己喜欢的东西时，只能摸摸寒酸的口袋。

这就是现实，我们不得不正视现实，难怪现在很多女孩为了钱不惜嫁老男人，嫁自己不喜欢的人。

钱啊，真的有这么大的魔力吗？

2010.9.5　信用卡就是个无底洞

今天，收到民生银行的一条短信，提醒我信用卡该还款了。"什么？这才几天啊，一个月了吗？"我真不敢相信一眨眼又到了还款的日子，感觉昨天才还了上个月的账单似的。唉，信用卡，让我欢喜让我忧的小东西。

由于没钱，所以办了信用卡，之前根本不知道它的真实含义，只知道可以提前预支，就像跟老板提前支取下个月的工资一样，可以在手头紧的时候提前拿出来用用，其实就是老话说的"寅吃卯粮"。毕竟，新时代了，先享受了再说。

自从有了信用卡，我再也不用为买东西没带够钱而不知所措了，再也不用为看到自己喜欢的东西而望而却步了，每每此时，我就可以很自豪地掏出信用卡，递给收银员，并且还顺带说一句："给，刷卡。"好像这是一件很光荣的事。

是啊，你到超市、商场去看看，有几个人结账的时候不用信用卡？这时代，如果你不用信用卡似乎就落后了一样，谁还傻帽似的拿着现金付账啊。

可是，到了月底，我就发现自己糟蹋了很多银子，发现我需要为自己的冲动付出多大的代价，才知道寅吃卯粮可不是那么好玩的。

这不，今天民生银行的卡就该还最低还款额了。所谓最低还款额，听上去像是"你这个月所要还的最低的额度"，意思好像只要还了这个最低额度就万事大吉了。其实，你不知道在这个最低额度背后隐藏着什么容易被你忽视的东西。

全额还款是指按时还清月账单上的所有欠款，包括现金与消费透支。其中，非现金交易可享受的免息期最长可达50天。

最低还款额是本月月结欠款的10%再加上上月未还的最低还款额。若选择最低还款额，银行要对每笔交易计收利息，如果在缴款到期日前的还款总额低于最低还款额，那么您除了支付利息外，还需要承担以最低还款额未还部分的5%计算的延滞金，延滞金设有最低收费额（最低10元）。

每月只要在到期还款日之前按最低还款额还款，就可以保持良好的信用记录，这是信用卡的基本特点。若想提升信用额度（就是可透支的多少），可以频繁地刷卡消费，注意不是取现。利息的收取上，举个例子说明吧，假如你这个月账单上显示本月全部欠款为1600元，其中1000元是在商店刷卡消费的，600元是在POS上取现的，如果你这个月就按账单上的全额还款的账目还了钱，记住，必须是全额，比那个数目少一分都不行，你就可以享受到那1000元的免息，如果只还了最低还款额，那1000元就会从你消费的次日按万分之五计收利息。另外，银行从自身利益角度考虑不鼓励取现，所以无论你是否全额还款，取现产生的欠款都得不到免息，凡是取现的欠款都会从当日起按万分之五计收利息。既然有卡了就多了解些。信用卡用得好可以带来许多益处，但因为不懂也给许多人带来了很多麻烦。

所以，选择最低还款额还款，并非就意味着只要缴纳未还款部分的利息就可以了。

目前，包括工行、建行、招行在内的数家银行都为信用卡还款制定了这样一个政策：如果没有在免息期内全额还清，即使已经还清的款项也要算利息。很多信用卡用户已经习惯了选择"最低还款额"的方式还款，但是，如果用户没有在免息期内还清所有欠款，就可能面临不能享受"56天"免息待遇的现实，而且付给银行的利息还远远超出自己的想象。

举例来说，王小姐的账单日为每月5日，到期还款日为每月25日，最低还款额为应还金额的10%。6月5日银行为王小姐打印的本期账单包括她在5月5日至6月5日之间的所有交易账目。

假设本期王小姐仅在5月30日消费了一笔支出，金额为人民币1000元，则王小姐本期账单的"本期应还金额"为人民币1000元，"最低还款额"为100元。

（1）若王小姐于6月25日前，只偿还最低还款额100元，则7月5日的对账单上的循环利息=17.5元。

具体计算如下：

1000元×0.05%×26天（5月30日至6月25日）+（1000元−100元）×0.05%×10天（6月25日至7月5日）

_____

循环利息=17.5元

本期应还款：117.5元

（2）若王小姐于7月25日前，继续偿还最低还款额100元，则8月5日的对账单上的循环利息=19.4元。

具体计算如下：

1000元×0.05%×30天（6月26日至7月25日）+（1000元—200元）×0.05%×11天（7月25日至8月5日）

_____

循环利息=19.4元

本期应还款：119.4元

（3）若王小姐于8月25日前，继续偿还最低还款额100元，则9月5日的对账单的循环利息=19.35元。

具体计算如下：

1000元×0.05%×31天（7月26日至8月25日）+（1000元—300元）×0.05%×11天（8月25日至9月5日）

_____

循环利息=19.35元

本期应还款：119.35元

（4）若王小姐于9月25日前，继续偿还最低还款额100元，则10月5日的对账单的循环利息=18.5元。

具体计算如下：

1000元×0.05%×31天（8月26日至9月25日）+（1000元—400元）×0.05%×10天（9月25日至10月5日）

_____

循环利息=18.5元

本期应还款：118.5元

（5）若王小姐于10月25日前，继续偿还最低还款额100元，则11月5日的对账单的循环利息=17.75元。

具体计算如下：

1000元×0.05%×30天（9月26日至10月25日）+（1000元—500元）×

0.05%×11天（10月25日至11月5日）

_____

循环利息=17.75元

本期应还款：117.75元

（6）若王小姐于11月25日前，继续偿还最低还款额100元，则12月5日的对账单的循环利息=17.5元。

具体计算如下：

1000元×0.05%×31天（10月26日至11月25日）+（1000元—600元）×

0.05%×10天（11月25日至12月5日）

_____

循环利息=17.5元

本期应还款：117.5元

（7）若王小姐于12月25日前，继续偿还最低还款额100元，则1月5日的对账单的循环利息=16.65元。

具体计算如下：

1000元×0.05%×30天（11月26日至12月25日）+（1000元—700元）×

0.05%×11天（12月25日至1月5日）

_____

循环利息=16.65元

本期应还款：116.65元

（8）若王小姐于1月25日前，继续偿还最低还款额100元，则2月5日的对账单的循环利息=16.6元。

具体计算如下：

1000元×0.05%×31天（12月26日至1月25日）+（1000元－800元）×0.05%×11天（1月25日至2月5日）

――――――――――――――――――――――

循环利息=16.6元

本期应还款：116.6元

（9）若王小姐于2月25日前，继续偿还最低还款额100元，则3月5日的对账单的循环利息=15.9元。

具体计算如下：

1000元×0.05%×31天（1月26日至2月25日）+（1000元－900元）×0.05%×8天（2月25日至3月5日）

――――――――――――――――――――――

循环利息=15.9元

本期应还款：115.9元

（10）若王小姐于3月25日前，继续偿还最低还款额100元，则4月5日的对账单的循环利息=14元。

具体计算如下：

1000元×0.05%×28天（2月26日至3月25日）+（1000元－1000元）×0.05%×11天（3月25日至4月5日）

――――――――――――――――――――――

循环利息=14元

本期应还款：114元

若按最低还款额还款的话，本金和利息合计：

117.5+119.4+119.35+118.5+117.75+117.5+116.65+116.6+115.9+114 = 1173.15（元）

由此可见，按最低还款额还款，支出1000元钱，在一年之内必须多付173.15元的循环利息。这个利息可比你存款的利息高多了。设想一下，如果你支出的是1万元，那么，在一年之内你就必须多付1731.5元的循环利息。你再算一下，将1万元存入银行的利息是多少。

所以，我们说，没有比银行更精明的商人，任何人都不可能高明过它们。

有人会说，我刷信用卡是为不时之需，没有及时还款或许有多种理由，或许你的工资还没有发下，或许你手头很紧张，但这都不应成为你透支信用卡的理由，如果自己挣的钱无法及时偿还信用卡，我劝你还是趁早注销信用卡为好。

所以，如果不了解这些就使用信用卡，无疑相当于打一场没有把握的仗，终究会被银行牵着鼻子走，进入一个越陷越深的无底洞。

我在网上了解了这些之后，真是倒吸一口凉气，真可怕啊，以后不到万不得已还是少刷这要命的信用卡吧。

2010.9.10　开始新生

由于辞职后就赶紧找工作，在网上投简历，一天甚至投出去50多份，到了晚上，我的脑袋都木了，手也酸了。

现在我找工作，不再像当初那么傻，只找自己喜欢的，全然不管薪水待遇、发展前途的问题，现在我希望两者兼顾，毕竟经过这一年的职场沉浮，我已经懂得生存才是工作的第一前提。

好在付出终有回报。只用了短短4天的工夫，我就找到了下一份工作。

我有幸碰到了一家做网络销售的大公司，待遇不错，月薪5000元，另有提成，奖金按公司效益的百分点来提。这样一来，一年的收入就能达到七八万元。

这达到了我的预期，并稍稍超出了一些。

我想到了房子的贷款，终于不用发愁了。

这家公司的老板很有意思，他是福建人，原来在那边办学校，是个校长，后来人到中年，不知道怎么想到单干了。说实话，我不得不佩服他的勇气。

面试时，老板说了一句话，让我觉得挺有意思。他说，我看你的额头挺高，肯定很聪明。

不敢想老板还把"面相学"用到了招聘上，真是高。

也许我真的很聪明吧，只是之前一直被埋没了，我愿意这样去想。

从此，我就在这家公司开始了新生。

2010.9.12 会省钱不如会挣钱

我的邻居是一个刚生了宝宝的年轻妈妈。

今天，我刚刚睡下，就被敲门声惊醒了。我开门一看，原来是邻居小曼，她说要我帮忙去买一样东西，她在家带孩子，没法出去。我心里其实不怎么情愿，毕竟我现在困意十足，可是如果不答应，又显得自己太不友好，于是我强颜欢笑地说："好好好，我一会儿就去啊。"其实，内心很挣扎，没办法，谁让我们是邻居呢，远亲不如近邻嘛。

今天天气有点热，我心里一百个不乐意，一路上直嘀咕，怎么不让你老公买呢？如果你老公上班，你打个电话让他捎回家不就得了嘛，还真好意思这么麻烦邻居。其实我只是比较纠结，心还是很善良的，毕竟人家求着咱了，再怎么着也得给人家面子吧。

她让我买的是小孩喝奶的奶瓶，我找了家孕婴店，里面各种各样的奶瓶多得很，我来的时候也忘了问她要什么样的了，心里想着让卖家给推荐一个好了。卖家给我推荐了一个玻璃的奶瓶，我说玻璃的容易坏吧，卖家则说其他塑料材质的对小孩不好，什么PP啊，PC啊，都有或多或少的毒性成分，现在的小孩都很娇贵，这可使不得。我心想也是，给人捎东西，不能捎次的啊，不然买回去人家该说我了。好吧，玻璃的吧，我于是高兴地带回了家。顺便说一下，玻璃的要比其他的贵好多，一个奶瓶花了100多元。

没想到，当我把"胜利果实"交给邻居的时候，她却说："挺好的，就是贵了点。"我赶紧向她解释为什么没买那些便宜的，她最后没说什么，但从她的眼神里我看出来她还是想买便宜的。我只好说，那我过去给你换个其他款式的吧。她客气地说又要麻烦你了，她妈妈则在一旁插话道："最近家里花钱的地方太多了，她不上班，孩他爸一个人养活家里几口人，压力实在很大。"我连忙同情地点头："是啊，是啊，养孩子实在花销不小。"

我很狼狈地出了门，心里那个郁闷啊，我这办的叫个什么事啊，简直是好心办坏事。满以为小孩子得用好的，没想到碰到个只认便宜货的人，挣钱不易，省钱也不是这样省的吧。唉，我可能也真是站着说话不腰疼，或许人家真是经济很紧张，自己以前不也曾经买过很多质量很不好的东西吗。

后来我又换了一个PP材质的奶瓶，花了40多元。这下，邻居很满意，为了挽回自己的面子，还连连说："其实那个玻璃的是好，可是真的没必要，这个材质的也很放心啊。"

晚上，我又想起白天的事，不禁觉得没钱的生活真是很无奈，没钱就只能买不好的东西，没钱就只好让孩子也跟着受罪。为了买一个奶瓶，省下60多元钱，却不知道是否会在将来影响孩子的健康，这种对待金钱的态度实在不可取。虽然凡事不能拿钱来衡量，可是一分价钱一分货，好东西跟赖东西就是不一样，如果两者相差仅仅几十元钱，最好选择贵的那个。不过话说回来，没有一个人愿意这样做，可是穷人之所以是穷人，就是有很多不得已而为之的无奈。

我以后一定不做穷人。

这件事让我觉得：会省钱不如会挣钱，会挣钱不如会理财。如果这个邻居懂得理财，兴许就懂得这个道理了。

2010.9.13 黄金，抵抗通胀的最好利器

晚上，我早早地回到了家，简单地做了点儿饭，就打开手机看新闻。忽然有条新闻说通货膨胀云云。有个老汉说："10年前我存了5万元钱养老，10年前猪肉4元一斤，现在是十四五元一斤，10年前大米是4角一斤，现在是3元一斤……我要问，是谁偷了我的钱？"

所以，最后得出的结论是：你手里的10万元，10年、20年后，只相当于5万元。看到这个新闻我差点没从床上蹦起来："什么？我现在有5万元，以后不是只剩下2.5万元了吗？"

太恐怖！太不可思议了！

如果说连黄金都无法对抗通胀，那么还有什么能对抗通胀呢？

西方最著名的经济学家凯恩斯指出：黄金作为最后的卫兵和紧急需要时的储备金，还没有任何其他的东西可以取代它。一句话点出了黄金能有效抵御通胀带来的币值变动和物价上涨的影响。

黄金历来被认为是抗通胀的利器，正如那句至理名言："货币天生不是黄金，但黄金天生便是货币。"所以，无论是世界经济开始下滑还是快速发展，被称为"永恒价值"的黄金一直都被投资者视为最佳的避险工具。而从2008年全球金融危机爆发以后，投资黄金更是成为全球老百姓最为热衷的家庭避险方式。

不错，黄金真不错！

废话，谁都知道金子好，自古以来出嫁的女孩不是都要提出"三金"的条件吗？拿不出"三金"的，最后可能亲事都黄了。我心里忽然有点发慌，自己还从来没有买过一克黄金，连摸都没摸过。以前，跟男朋友去商场，远远看到卖金首饰的柜台上金光闪闪的，说实话，我是连看一眼的勇气都没有啊。我生怕别人看出我是一个穷人，其实我了解自己的心理，是标准的羡慕嫉妒恨啊——羡慕、嫉妒戴着金戒指、金项链的女孩，恨自己为什么得不到。所以，对于黄金，我没有考虑过，更别说投资了。

现在，我在了解了黄金之后，再也不这样想了，没钱照样可以买黄金，谁说黄金只是富人的专用品？

其实，"投资黄金，就是我们用21世纪挣的钱，去买20年前定价的商品。"著名黄金投资专家张卫星先生曾如是说。与投资股票或基金相比，投资黄金在某些方面风险要小很多，但这并不意味着持有黄金就完全没有风险。与其他的投资方式一样，黄金投资同样也是风险与回报并存，不同时段买入以及不同的黄金品种都可能导致投资者本金和收益的损失，因此，作为我这样的菜鸟来说，最好通过专业的理财机构进行必要的了解。

黄金有实物金条、首饰、纪念币、纸黄金、黄金期货等多种存在方式，选择哪一种，的确是件需要认真考虑的事。因为各个品种的功能不同，适合的对象不同，所以不能一刀切或盲目跟风地选择。以黄金首饰等黄金制品为例，除了价格升水（设计、加工费用）外，变现时按当时旧金市价回收，显然比购买时要低很多。

影响金价的因素包括：美元的强弱，地缘政治局势，全球通胀压力，黄金供求转变，央行黄金储备增减，国际原油价格的涨跌，黄金生产商的避险操作，全球经济及股市、债市的表现，纽约商品交易所（COMEX）黄金成交量和未平仓合约的参考。

然而，也有不同的论调，有人说，对于金融市场来说，脱离了金本位之后的黄金，已经变成许多机构和金融大鳄的炒作工具，从长线来看，早已不是抵御通胀的灵丹妙药。引用巴菲特对于黄金的一句名言："人们从非洲或其他地方挖出了黄金，然后我们把它熔成金条，另挖一个洞再把它埋起来，并雇人站在周围守着它。而黄金本身毫无用处。任何火星人见此情景都会百思不得其解。"

其实，"黄金抵御通胀"的说法，完全取决于投资者在哪一时点买入。早在30年前的20世纪80年代，金价就被炒到850美元一盎司。如果你在每盎司300美元买入的话，那你肯定是赚了。但如果你以700美元、800美元一盎司的高位买入，那就亏大了。

所以，能否让黄金很好地充当抵抗通胀的角色，完全掌握在投资者自己的手里。它就像你手里的"指挥棒"，你让它指向合适的位置，它就能发挥很好的作用，起到"点石成金"的效果。

了解了这么多，接下来我就摩拳擦掌，准备出击我的"黄金之旅"了。

2010.9.10　纸上谈兵的"纸黄金"

今天有两件大事要记：

（1）今天是发第一个月工资的日子，我发了5800元，还算满意，第一个月就得到这么多，相比上家公司真是高多了。

（2）开户纸黄金。

下班前一个小时，我跟主管请了一个小时的假，然后去中国银行排队，终于把纸黄金的户头给开好了，投资了3000元。

为什么突然投资纸黄金呢？

一次偶然的机会，我听说纸黄金这个投资方式不错，以前压根不知道有"纸黄金"这一回事，甚至不知道黄金也可以像股票那样实时随意买卖，对黄金投资只停留在金条金饰上面。而金条金饰我又不怎么看好，主要是金条需要长期投资，金饰又会折旧，所以一直也没有看好黄金方面的产品。后来，通过了解才知道原来纸黄金在网上银行就可以买卖，所需资金量小，只要一克就可以入市操作。一克纸黄金只需要300多元就可以买到，根据国际金价的涨跌进行买入卖出，赚取差价。

纸黄金是黄金的纸上交易，投资者的买卖交易记录只在个人预先开立的"黄金存折账户"上体现，不涉及实物金的提取。

刚听说的时候，我就有了投资的冲动，由于是新手，啥也不懂，就使劲在论坛上看老鸟的帖子，很入神地研究他们是如何炒的。

我观察了半个月，发现纸黄金这种投资方式还比较科学，它是根据国际金价的变化而变化的，比我国的股市要规范。我国股市很不规范，有黑庄和背后推手，黄金的炒作是依据国际金价操作的，没有人为的因素，所以，我认为纸黄金的炒作是规范的。

最近黄金行情不错，更有各路英雄纷纷跳出来鼓吹年底见3000元，在学习了很多这方面的知识之后，我果断地让自己投入炒纸黄金的行列。

纸黄金小知识：

1. 什么是纸黄金

纸黄金指黄金的纸上交易，投资者的买卖交易记录只在个人预先开立的"黄金存折账户"上体现，而不涉及实物金的提取。它的报价类似于外汇业务，即跟随国际黄金市场的波动情况进行报价，客户可以通过把握市场走势低买高抛，赚取差价。纸黄金又可称为"黄金单证"，即黄金所有人所持有的只是一张物权凭证而不是黄金实物，黄金所有人凭这张凭证可随时提取或支配黄金实物。能够确定交割日期的就是黄金期货合约，随时可以交割的或不确定交割日期的就是黄金现货合约，如黄金仓储单等。

纸黄金的盈利模式是通过低买高卖获取差价利润。纸黄金实际上是通过投机交易获利，而不是对黄金实物进行投资。进行纸黄金投资的优点是开户比较方便、风险度不高、流动性较好，缺点是占用资金较多、手续费高、网站报价慢（30秒左右刷新一次）。因为纸黄金只是账面黄金，并不能交付实物黄金，因此较为适合那些不希望贮存黄金，但是希望通过黄金投资实现盈利的投资型客户。

目前国内市场主要有建行、工行和中行的纸黄金，其中工行的纸黄金手续费较低，单边点差为0.8元/克。纸黄金的类型除了常见的黄金储蓄存单、黄金交收订单、黄金汇票、大面额黄金可转让存单外，还包括黄金债券、黄金账户存折、黄金仓储单、黄金提货单，以及黄金现货交易中当天尚未交收的成交单及国际货币基金组织的特别提款权等。

2. 纸黄金的优势

（1）其为记账式黄金，不仅为投资人省去了存储成本，也为投资人的变现提供了便利。投资真金购买之后需要操心保存、存储；需要变现之时，又有鉴别是否为真金的成本。而纸黄金采用记账方式，用国际金价以及由此换算的人民币标价，省去了投资真金的不便。

（2）纸黄金与国际金价挂钩，采取24小时不间断交易模式。国内夜晚，正好对应着欧美的白日，即黄金价格波动最大之时，为上班族理财提供了充沛的时间。

（3）纸黄金提供了美元金和人民币金两种交易模式，为外币和人民币的理财提供了相应的机会。同时，纸黄金采用T+0的交割方式，当时购买，当时到账，便于做日内交易，比国内股票市场多了更多的短线操作机会。

（4）中国银行纸黄金目前报价在同业之中最具有优势，较小的双边点差为投资人获得更多的收益提供了机会。

3. 主要特点

（1）在黄金市场上采用纸黄金交易方式，可以节省实金交易必不可少的保管费、储存费、保险费、鉴定费及运输费等费用的支出，降低黄金价格中的额外费用，提高金商在市场上的竞争力。

（2）纸黄金交易可以加快黄金的流通，提高黄金市场交易的速度。

（3）门槛较低、收益稳健，更适合工薪阶层投资。

网上说，像我这样的工薪阶层是很适合这种投资门槛以及交易费用较低的纸黄金的。理财专家说，虽然投资收益相对较低，但是纸黄金比较稳健，可以作为保值的手段，适合工薪阶层投资。

理财专家还说，投资者购买纸黄金后，由于不用进行实物金的提取，省去了投资实物黄金在运输、保管、检验、鉴定等方面的费用，因此，与其他黄金投资品种相比，纸黄金的交易费用最低，比较适合工薪阶层投资。

目前国内提供纸黄金交易的基本都是实力较强的商业银行，投资者如果想进行纸黄金投资，直接到商业银行开设纸黄金买卖专用账户即可进行交易。

理财专家说，在投资纸黄金之前，投资者需要掌握一些黄金投资的基本知识，如影响黄金价格的政治、经济因素，分析价格走势的技术方法等；此外，投资者还要对自身的风险承受能力、盈利预期、资产配置比例等做到心中有数。

4. 理财产品对比

目前，国内主要的纸黄金理财产品有三种，分别是中行的"黄金宝"、工行的"金行家"、建行的"账户金"。这三种产品各有差异，投资者在选择产品时，可先进行对比。

（1）交易时间。

一般来说，银行的交易时间开放得越长越好，利于投资者随时根据金价的变动进行交易。其中中行的"黄金宝"是24小时不间断交易的，工行的"金行家"是从周一8：00到周六凌晨4：00不间断交易，建行的"账户金"的交易时间是10：00至15：30。

（2）报价方式。

一般纸黄金有两种报价方式：一种是国内金价报价和国际金价报价，其中中行的"黄金宝"的报价参考国际金融市场黄金报价，通过及时汇率折算成人民币报价而来；建行的"账户金"采用的是以金交所的AU99.99和AU99.95的实时报价为基准的报价方式；工行的"金行家"则把人民币和美元分开，综合采用了国内金价报价和按国际金价报价，采取自主报价的方式，即一克黄金=国际金价×0.0321507×美元兑人民币的中间价。

（3）交易点差。

所谓交易点差，是指用金价减去银行的交易点差，也就是纸黄金的投资回报，所以，选择低的交易点差可以提升投资者的收益率。其中，中行的"黄金宝"业务单边的交易点差为0.4元/克；建行的"账户金"的单边交易点差为0.5元/克；工行的"金行家"的单边点差则分为两种："人民币账户金"为0.4元/克，"美元账户金"为3美元/盎司。

交易费用点差即银行所收取的手续费，用金价差减去银行的交易点差就是纸黄金的投资回报。因此，选择低交易点差可提升投资者的获利空间。

一般而言，银行给出的纸黄金的买入价和卖出价中已经包含点差费用。另外，纸黄金交易没有印花税。

2010.9.17　炒黄金不是那么好炒的

这些天，我买了很多关于黄金投资的书，不管是否出自名家之笔，我都不吝钱财收入囊中，而且我还时时关注贵金属走势，一发现风吹草动，赶紧采取相应的行动。有时候，也会出现判断失误的时候，等到涨或跌的事实来临时，又会懊悔没有做出正确的行动。

有一次，我根据网上好多炒金伙伴的看涨断言，一下买入几万元份额，可惜没过几天，大盘就直线下降，最后直入谷底，说实话，我的心情也是一落千丈，好几天，连班都没心思上了。就这样，我的不良状态持续了一周，我整天叫苦连天，有时候甚至发誓以后再也不炒黄金了。甚至晚上我好几次做梦，梦到大盘涨上去了，醒来却是空欢喜一场。唉，这经历真是人间地狱，没有经历过的人是不会懂得的。

我不是百万富翁，可以对几千几万元不用上心。我的性格向来小心谨慎，因为从小过惯了穷日子，没有见过什么大钱，到了现在自己手里虽有那么一点儿钱，可也只是温饱水平，所以，在我的思想里，用钱生钱是可以接受的，而用钱烧钱，却是万万接受不了的。

就像现在，我感觉自己就是在用钱烧钱，本来在自己手里的钱，经过自己的折腾，又损失了一些，这不是在烧钱吗？

这些，我不敢告诉男朋友，不然他非骂我不可。我也不敢告诉老妈，她也会气晕过去的。

可是这种烧钱的滋味真让我难以承受，又不能对谁诉说，憋在心里真如火烧一般。

就这样，我熬过了最艰难的一周，好在行情见好，大盘再涨。

今年的金价比去年高了许多。

我犯了一个很大的错误，那就是认为纸黄金可以做长线，后来发现我的想法是不对的，金价也和股票一样在波动。

这一周的"实战"，不仅让我有了一定的投资收益和经验，也让我主动去关注贵金属的走势，多了一份理财的意识。当然，在投资过程中，无论是即时交易还是委托交易，我都会积极主动地去关注价格走势，但有时也不免会因为工作等原因而忘了上网操作，从而错失买卖良机。

2010.9.19　影响黄金价格的几个因素

这几天纸黄金一路看涨，真是令人欢欣鼓舞，看来我的选择是对的。

有句名言：盛事话收藏，乱世买黄金。可见，黄金是个硬通货，什么时候都不会贬值。

但是，黄金的价格会随着各种因素波动，从而影响投资的效益。

受到美国金融危机和欧洲债务危机持续的影响，国际黄金交易价格一改之前的盘整状态，在过去的一两年里不但创出历史新高，而且促使黄金市场正逐渐进入活跃的价格波动期。这对于对价格波动较为敏感的黄金投资者而言，一方面既增加了黄金投资获利的可能性，另一方面也加大了黄金投资的风险性。通过长期统计和研究，从影响因素上看，黄金价格短期易受到国际政治经济突发事件的影响和国际游资的炒作，波动剧烈，中期则主要是随着美国等西方国家货币供应量增加而上涨。

但由于黄金的价格机制的本质是不同时期对黄金金融属性和商品属性的需求强弱不同，所以其长期走势还是取决于供求关系的平衡点。有鉴于此，因而面对世界黄金价格再次走强，黄金交易市场日趋活跃，深入探寻黄金交易价格走势的影响因素，探寻其内在投资价值，对于引导广大普通投资者制定长、中、短期投资策略，规避黄金价格波动带来的投资风险，具有非常重要和深远的意义。

实际上，不论何种黄金价格体系，其形成均源于市场供给与需求的平衡、近期需求与远期需求的平衡、储备需求与战略需求的平衡，这也是黄金具有金融和商品的双重属性所决定的。因而，不同时期人们自身对这两种属性需求程度的强弱不同就构成了黄金价格变动的内在因素；而受一些外部事件的影响，人们对黄金两种属性需求程度的强弱的预期不同，就构成了黄金交易价格变动的外在因素。二者之间是相互关联、相互影响的关系，具体而言，包含以下影响因素：

1. 黄金供求情况

归根结底，黄金的价格波动最基本的内在影响因素是黄金的供求情况问题。当供大于求时，价格呈现下降趋势；当供小于求时，价格会随之上升。目前黄金市场供给主要包括以下几个方面：其一是常规性供应，包括世界各主要产金国所提供的新黄金产品，这属于常规性的供给，相对较为稳定。其二是诱导性供给，即通常是由于某一因素的刺激而引起供给的产生。其三是调节性供给，即属于阶段性的供给，包括再生金，也包括国际货币基金组织、各国政府央行以及私人出售的黄金。而黄金的需求则主要表现在以下几个方面：其一是黄金原材料的需求，这类需求主要来自首饰业、工业等的需求。其二是储备和投资的需求，黄金储备是由于其金融货币职能仍然存在，同时也是为了抵御通货膨胀。事实上，现今黄金储备仍是主要国家重要的国际储备部分。而一般的投资者也有意识地选择黄金投资来抵御通货膨胀，以减少损失，达到资产保值增值的作用。其三就是投机需求。目前黄金市场上不可或缺的正是有一批黄金投机者，这些投机者通常会根据国内外形势，以及黄金期货市场交易体制，利用黄金价格波动来卖出或买入黄金，人为制造黄金需求假象。

2. 国际经济形势

世界经济大国的经济状况以及其经济货币政策都会对黄金价格产生不同程度的影响，特别是美国的经济形势对黄金价格的影响尤为重要。当世界经济大国的通货膨胀越高，投资者就越需要黄金来充当保值增值的武器，而且这种需求也会越大，这使得世界黄金价格越走越高，而美国的通货膨胀状况最能影响黄金价格，促使价格变动。同时，由于经济全球化的趋势越来越强，世界经济大国一般通过采用货币政策或汇率政策来调节各自的经济状况，各国的经济相互影响，相互依存，联成一体，特别是美元作为国际主要货币，常常因此而受到影响，出现涨跌，进而使得黄金价格出现波动。这里特别需要重视的是全球货币供给已经出现流动性过剩的问题，这必然会使原油、黄金、股票、房地产等全球资产价格上涨，从而容易出现资产泡沫化。为应对这一问题，经济发达国家通过多次上调利率来处理这一风险，且美国的不动产市场形势自全球金融危机以来变得不甚景气，通货膨胀压力也正逐步加大，这些因素对黄金价格的影响将会日益增强。

3. 国际政治形势

国际环境中的重大政治或战争事件也对国际黄金产生影响，正所谓"大炮一响，黄金万两"。特别是当出现战争时，战争双方政府都会付出高昂的战争费用，这将会扩大对黄金的需求，从而刺激黄金价格飙升。同时，由于战争问题，大量的投资者会选择黄金投资用以保值增值，这也同样会刺激黄金价格的上涨。总体来看，无论是第二次世界大战、美越战争、1976年泰国的政变，还是海湾战争以及近期的利比亚战争、巴以冲突等，都在不同程度上刺激了国际黄金价格的上涨。近几年来，国际政治形势依然不稳，中东地区局势又发生较大变动，这一系列重大政治事件层出不穷，势必引起新一轮的黄金价格追逐。

4. 国际原油价格情况

黄金通常是抵御通货膨胀最好的武器，而国际原油价格是通货膨胀的直接反映指标。当原油价格上涨时，也就伴随着通货膨胀，再加上经济发展的不确定性增强，必然导致追求黄金保值避险。这一原理使得黄金价格与石油价格形成了正相关关系，原油价格上升与下降成了黄金价格的直接反映指标。虽然原油价格走势与黄金价格走势基本一致，但是二者的涨跌幅度仍然有一定的区别，其原因是当原油价格因某些偶然因素刺激而出现短期大幅度波动时，由于有世界各国石油储备的调节，这一大幅度的波动不会对经济产生实质性的影响，从而无法与黄金价格变动相一致。

目前国际金价已进入了高压区，美元反弹和获利盘大量积累的双重压力可能导致近期金价回调，投资者已不能局限于单纯看多或是看空的思路，而是需要趋势性投资和短线操作相结合的策略。从趋势来说，随着几轮量化宽松政策的影响，美元地位松动和全球通胀预期决定了金价长期向好。

2010.10.9 我也变成了"包租婆"

还记得周星驰的电影《功夫》中那个会"狮子吼"的包租婆吗？她的强势、冷漠，对穷人的鄙视可以说代表了一部分房东的形象。但也有很多善良、随和的包租婆，让社会充满了正能量。

不得不说，我从来没想过自己可以当上包租婆，收取别人的租金，成为"剥削"租客的"剥削者"。

今天，我就当上了名副其实的"包租婆"。

我不是在老家买了一套小户型的房子吗，这一个月来，我思前想后，反正暂时也不回去住，还不如将房子租出去赚个房租，正好够自己还贷了，而且如果以后真不回去住了，也可以升值，卖掉赚钱。

然后我就赶紧给男朋友打电话，让他负责装修事宜。

装修不是那么简单的，少于5万元装不下来，而且还是简装。我们离得远，如果一切亲力亲为，不仅没有时间，更浪费很多路费，于是我们决定找装修公司搞定。不过，即使找了装修公司，从开始的设计到后期的购置基材，也不能掉以轻心，因为现在很多装修公司不负责任，以次充好，预算超支的情况还是屡有发生。为了防止自己兜里的钱不被黑去，我经常反复叮嘱男朋友要盯紧点，不能大意。男朋友在那里待了一周，因为公司屡次催促回去上班，如果不回去就要被开除，无奈之下，他只好叫他爸爸过来帮忙。

折腾了将近两个月，中间虽然有无数波折，但也总算顺利完工。算下来，只花了3万多元。因为很多东西我都坚持要用省钱的，比如家具，我就直接买了实木复合板，然后找个木工现场加工，这样能省至少2万元。地板砖不需要太花哨，白色还是主流，既省钱，又整洁，我家的瓷砖就用的是30元一块的白色广东瓷砖，师傅说质量还不错。另外，在墙面漆方面一定要用名牌，有质量保证的，小牌子没有质量保证，为健康埋下隐患。

　　在整个装修过程中，一开始我还经常打电话给监理，因为不放心把房子交给他们处置，但实际上，他们比我们有经验得多，购买大件东西的时候自己跟着他们就可以了，其他的小东西诸如水泥、沙子、工具之类的，完全可以先让他们代买，然后再付钱。所以，后来我干脆直接放手让他们自己去折腾，结果并没有特别令我无法忍受的事，而且有些地方做得比我预期还好。

　　我抽空回去验收，接着从旧货市场买了一些旧家具拉进去，然后找了个中介把房子挂了出去。

　　刚从老家回到北京，中介就找到了租客，是一对20多岁的年轻情侣，上班一族。

　　我当初出租的意向租户就是这样的人，只是中介一再说要我便宜一点，不然人家不租。我想，当初我当租客的时候，房东都板着个脸说不能少一分钱，现在有人求我便宜，我还真硬不下心，可为了钱，我还是不舍得降价。而且我开的价也不算高，新房，里面啥都有，地段又不错（说以后会修地铁），1300元已经不算高了。

　　我想到一个商人说过的话，商场上不可有妇人之仁。商场如战场，我出租房不就是为了赚钱吗，要降价，不行。

就这样僵持了两天，对方还是妥协了。毕竟现在没房子的还不在少数。不过那对情侣让中介转告我，可否添台电视。我心里不太情愿，可也架不住人家一再要求，最后只好让好朋友去买了一台旧电视，花了200元。钱虽然不多，可我总是会想到自己当初租别人房子的时候，房东那个横横的态度，于是心里就不爽，凭什么别人可以那样对我，我却不舍得那样对别人呢？

最后，我想明白了，人嘛，总有善恶之分的。给别人方便，其实就是在做善事。

于是顺利签了租房合同，然后不几天他们就把3个月的房租加1个月的押金给我打了过来，每月1300元，一季度的房租就是3900元，押金1300元，一共5200元。

没想到异地"包租婆"还挺好当，呵呵，我不禁想起那句话："一切皆有可能。"

是啊，只要有梦想，只要敢去做，只要学会理财，一切皆有可能。

就这样，我顺利当上了房东。这5200元怎么处置呢？当时纸黄金行情趋好，于是我全部买了纸黄金。

2010.10.29　存够5万元，买理财产品

经过一段时间的积累，我的存款除了股票、基金、黄金，已经达到了6万元，这6万元我该如何分配呢？

听说满5万元可以买银行理财产品，收益比活期高多了。我就拿出1万元做活期存款，以备不时之需，剩下的5万元做理财。我跑去银行询问理财产品，银行工作人员的劲头十足，详详细细给我说了两个

钟头，我也总算明白了一点。

什么是理财产品

理财产品就是由商业银行和正规金融机构自行设计并发行，将募集到的资金根据产品合同约定投入相关金融市场及购买相关金融产品，获取收益后，根据合同约定分配给投资人的一种投资方式。

理财产品的分类

在我们国家比较普遍的就是人民币理财产品。人民币理财产品大致可分为债券型、信托型、挂钩型及QDII型。根据收益方式分类主要是保证收益理财产品和非保证收益理财产品。

一般银行的保本浮动收益型的风险仅次于储蓄风险，是追求稳定收益的稳健型客户的最佳选择。保本浮动收益理财产品是指银行按照约定向客户保证支付本金，本金以外的投资风险由客户承担，并依据实际投资收益情况确定客户实际收益的理财产品；反之就是非保本型。

理财产品的投资期限

现在各大银行的理财产品的投资期限也已经多样化，从7天到3个月、6个月、1年期、2年期不等，从各个方面满足了客户的投资需求，投资用户可以根据自己的情况选择不同的投资期限。

选择理财产品的四大要素

（1）要选择信誉度高的理财产品，这样才买得放心。因为理财产品也存在一定的风险，所以信誉度高的理财产品才值得去购买。

（2）理财产品就是一种投资，投资最重要的目的就是收益，所以，不同的理财产品的收益也是不同的，首先选择收益相对高的。

（3）理财产品也属于公司的一种营销模式，需要有专业的人员去管理和操作，如此才能保证自己的利益最大化。

（4）专业的良好的服务也是选择理财产品的一个要素，在赚钱的同时心情也高兴才是双丰收。

5万元购买了1个月的理财产品，收益率是5.4%。我感觉这是最合适不过的，每个月只需要去银行办理一次就可以了，如遇急需用钱，也不会等待多长时间，收益也不错。就这样，我的理财产品开始运作了。

2010.12.5　理财产品中的"猫腻"

我了解过不同银行的理财产品，其中中小银行的收益率较高，但多数为非保本型。而四大银行又各有不同款式的理财产品。各个银行的理财产品都以各种方式吸引人们去投资，那些看似收益率不低的产品却深藏着众多"猫腻"，这也是我在不断购买理财产品的过程中体会出来的。

我一开始是在工行购买的，之所以选择这里，一是因为路程不远，一出家门就到了；二是这里的理财产品比较适合我，因为我大多数时间选择的是短期，怕有不时之需，比如买房子、买车。我最近有买车的打算，因为还没考虑好买哪一款，所以迟迟没有定下具体买车的时间，也因此我的存款不能放太长时间。如果是半年或一年，万一决定了要买哪一款车，到时候就无法提款了，因为理财产品是无法中途反悔而取出钱来的。

但是，短期理财有很多"猫腻"。

最近，临近年底，银行理财产品的收益大幅度上涨（春节之后整体呈下滑态势），有数据显示，目前银行理财产品的平均收益率在5.5%左右，超过6%的达到两成。城市商业银行的更夸张，截止到3月11日，有四款产品的预期年化收益率超过7%，分别是兰州银行、华融湘江银行、重庆三峡银行、广东华兴银行（嘿嘿，这几个银行咱都没接触过）。大的银行，如中国银行面向浙江地区发行的两款理财产品的预期年化收益率达到6.8%。

然而，这么诱人的收益率，银行最后真的会这样兑现给你吗？银行理财产品说明书上写的6%、7%，甚至8%，真的是6%、7%、8%吗？我一开始是坚信无疑的，可是，后来我发现收益率的确是按他们承诺的给的，但他们却把手脚做到了募集期和兑现期上。下面我就简单给大家说说这到底是怎么一回事。

不是我精打细算，大家想想，我们如果欠银行的钱，比如信用卡、贷款，到时间该还的时候，你差一分钱都算没有还上。所以，他们可以锱铢必较，我们的血汗钱难道就可以不计较吗？

所以，理财就要看重每一分钱，不让自己的血汗钱被银行算计。

1. 关于募集期

"预期年化收益率达到6.5%"，这么高的收益真让人好激动啊！且慢，先看完理财产品说明书再高兴吧。

这款期限43天的理财产品，其说明书上的募集期是7天，也就是说，7天之后本产品才成立。由于是较高收益理财产品，如果不能让客户经理帮你预约，那只能在本理财产品开放申购的时候冲进去抢购，否则晚一点就没有你的位置了，因此，资金放进去到正式计息的这段时间，可能没有任何收益，最多是以活期计息。

咱拿个计算器算一下，这个6.5%明明含着水分，如果将7天的募集期合并计入实际理财期限，那么这个产品的实际收益率会有折扣，也就在5.6%左右。

由此得出一条理财的规律：理财期限越短的产品，募集期对实际收益率的影响越大。

所以，大家买理财产品的时候可得想了又想，算了又算，不然就会后悔莫及。不能只看到理财产品说明书上标着的收益率，要知道银行标高收益率成功吸引到了咱们的眼球，造成咱们疯购的局面，然后通过延长募集期以降低成本（按照一般的常识，高收益率产品还需要这么长时间募集吗？太小看中国大妈、大姐的实力了），这也就是银行理财产品的经营策略了。

2. 关于资金到账日

顾名思义，资金到账日就是你的产品到期了，资金划到你的账户上的日期。

在这个地方，银行也是会做手脚的。有的到账日是3天，有的是5天，如果碰到周末，你的钱还得在他们的账户上多待两天。而这两天，你是没有任何收益的。也就是说，哪怕是5毛钱，这两天的收益他们也不会给你。

如此来算，实际理财期限还得加上这两天，相应的，此理财产品实际的收益率还得下降。所以在选择购买哪家银行的理财产品时，感受感受这家银行资金到账的信誉，如果总无法按时或者拖延到最后一刻才到账，那么就给它扣点分吧。

显而易见，就算先避开银行理财产品的风险不谈（据银率网理财产品数据库统计，2013年153家商业银行共发行的45825款理财产品中，有172款产品未达最高预期收益率，有6款理财产品到期零收益），银行理财产品说明书上写的百分之几的最高预期年化收益率也并不意味着产品到期之后真正的收益率，正如前面计算的那样。而大多数人购买理财产品的规则，首先是考虑风险（因为购买理财产品的同学对风险的偏好都不高），在风险程度差不多的情况下再考虑收益率，最后才关注时间因素。

由此得出一条规律：越是短期的理财产品，实际收益率越受产品期限的影响。

我们来算算招商银行最近推出的三款比较相似的理财产品实际的投资收益率各是多少。这三款理财产品分别是"招银进宝之鼎鼎成金223号理财计划（47天，5.90%）""招银进宝之鼎鼎成金224号理财计划（91天，5.90%）""招银进宝之鼎鼎成金226号理财计划（126天，5.95%）"，特别说明一下，这三个产品除了投资期限、最高到期年化收益率稍不同之外，其他的如投资标的、托管销售费用、认购起点份额等投资因素基本都一致。

47天期限的理财产品募集期7天，到期日是周三，所以实际的理财期限是54天，折算下来实际的投资收益率为5.14%左右；

91天期限的理财产品募集期同为7天，到期日是周五（一般资金是在周五下午5点之后到账，这笔到账的资金在周末基本相当于空置），所以实际的理财期限是100天，折算下来实际的投资收益率为5.37%左右；

126天期限的理财产品募集期也是7天，到期日是周五，所以实际的理财期限是135天，折算下来实际的投资收益率为5.55%左右。

如果126天那款理财产品和91天的一样，收益同为5.90%，折算下来实际的投资收益率也有5.51%左右，超过47天的和91天的，而期限最短的47天的收益率最低。当然，126天的理财产品跨越到了7月份。

我的感觉是：如果想把握6月底的高收益理财产品的机会，在资金没有急用的情况下，以实际收益率来看，购买91天的产品要比47天的产品划算，47天的产品的预期收益率要达到6.17%左右，收益才能与91天的相当。当然，这是在每个产品风险一样的情况下。

现在姐妹们明白了吧，要想成为一个"聪明的银行理财产品消费者"，单单比较年化收益率不太靠谱。就像工资一样，一个月薪3万元一年只干2个月和一个月薪5000元干12个月，最后年薪都是一样的，但3万元的月薪听起来就诱人很多——它可是5000元月薪的6倍。但实际呢，你拿的是一样多的。有些姐妹说，那一年还能休10个月呢！我是这么理解的：

第一，这钱不是人，你需要休息，钱恰恰是我们最不希望它休息的。所以，一直让钱工作比较重要。

第二，即便"钱休息"中间可以转到宝宝之类的投资上，但是T当日是没收益的，银行理财产品的T+3也是没收益的。粗略算算，一年倒手6次，就至少有18天（相当于最少3周）钱是休息的。

第三，人休息的时候，要花钱吧？不赚钱还花钱，挺恐怖的……钱休息的时候呢？负利率啊。

在资金没有更合适的去处时，银行理财产品是一个很好的配置，尤其是对于厌恶风险的人，该怎么买理财产品，买哪些理财产品，我再唠叨两句：

看清楚理财产品的实际投资期限，算清楚实际的理财收益率（特别是没有把握在募集期最后一天能买上的），比较比较，再放入购物筐中。

由于买的都是短期的理财产品，请安排好资金的进进出出，例如赶上季末、半年度和年末银行理财产品较高收益的节点，这样才能尽可能获得多的收益，否则有可能几个来回之后，资金整体年收益率比定期存款多不了多少。

跟相熟银行的客户经理打好关系，这样可以事先获得高收益理财产品的信息，另外，他们通常也会建议产品该怎么买最合适。如果可以的话，尽量请客户经理帮忙提前预约高收益理财产品的额度，那么你的资金就能尽量避免消耗在募集期。

如果是超高收益，尤其是收益率高出平均水平一大截的理财产品，要特别留个心眼，因为那也意味着较大的风险。例如，不保障本金和收益，挂钩期货、股票、黄金等高风险市场，即便是信托，相比之前，风险也上升了一级。

如果银行理财经理殷勤向你推荐期限30多天、40多天的短期理财产品，最好拒绝他们。因为《21世纪经济报道》统计发现，一旦银行在到期日、新产品的发行募集期上做巧妙安排，1年下来，投资者的理财资金不知不觉中，将至少30天、最多43天被闲置。

假设投资者的资金规模为100万元，且以目前的5.5%年化收益率计算，30天的闲置期将流失收益4521元，43天则更是少赚近6500元，而在这期间，你的资金是以活期利息的成本提供给银行使用。

另外在理财产品中，投资者往往忽略"超出年化收益率部分的收益作为银行的投资管理费"的描述。《21世纪经济报道》统计部分理财产品的配置时发现，在一些理财产品中，投资者到手的收益与基础资产的收益率相比，至少存在1%左右的收益差。

一年资金闲置最长43天

李兰（化名）是上海一家国企的白领，平时喜好投资理财，并且收益颇丰。6月20日，她在一家股份制银行买的一款短期理财产品到期，这天是星期五，但理财资金回到银行账户时，已经过了购买其他理财产品的时间，她只能将资金趴在账户上"睡大觉"至下周。

她的理财产品到期前后，银行的理财经理就忙着短信推销正在发售的新产品，期限基本都是34天、38天、45天，最长也仅有63天，收益则在5.2%~5.6%的区间，在股份制银行同类型的产品中，收益率属中流水平。

到了第二周的周一上午，她忙着在网银上挑选产品，看到一款期限是154天、年化收益率5.6%的产品较为心仪。该产品在此前一周就开始发行，预计在该周周二结束募集，周三正式计息成立。当她准备下单购买时，却被告知产品额度已经不足，无法购买。

因为已经闲置资金2天时间，李兰希望能购买一款尽早成立的理财产品。但是她发现，该行正在发行的其他产品里，在周一、周二结束募集且额度充裕的产品，期限基本在36~66天，并且收益率仅有5.2%~5.3%，并不吸引人。

银行喜好发行短期理财产品是不争事实。譬如《21世纪经济报道》记者根据银率网数据统计，在5月发行的理财产品中，期限在1个月以内、1个月至3个月的两类理财产品数量占比总计达到了55.2%。

无奈之下，她只好选择一款周一开始发行、年化收益率在5.6%的理财产品，期限也仅有34天，但是她仍要继续等待4天时间，产品才能成立计息。总的来说，李兰前前后后总共有6天的资金闲置期，在这期间银行只支付年化收益率0.35%的活期利息。否则她只能选收益率低0.3%～0.4%的产品，并且资金空闲期也在3～4天。

她最后选择的一款产品到期日也是在周五。假设她每次都听理财经理的推荐，选择45天期限的理财产品，结合产品到期后的周末闲置时间，保守以4天的闲置时间测算，那么在1年里，她的理财资金闲置天数将是30天。倘若不幸每次都被迫闲置6天，天数将上升至43天。如果投资者的资金规模为100万元，并且以目前常见的5.5%年化收益率计算，前者的收益率将流失4521元，后者更是少赚近6500元。

《21世纪经济报道》记者以6月第1周的182款理财产品进行不完全统计，募集期短的在3～4天，较长的则在7～9天，整体上看，募集期在5天及以上的占主流多数。并且这些产品极少选择在周一发行，37%选择在周二发行、25%选择在周五发行。当投资者的产品周四、周五到期后，一旦已经发行的产品额度不足，只能等待较长的时间。

中间环节赚走1%

获得一款银行理财产品的收益前，投资者首先支付给银行两项费用：托管费率、销售费率。《21世纪经济报道》记者统计，多数银行产品的两项之和在0.1%～0.3%的范围，但也有部分银行项目较多达到0.5%左右。

譬如平安银行正在发行的强债A资产管理类2014年172期（电子银行季末特别计划），共有销售手续费、资产托管费、理财业务手续费共6项，合计至少为0.52%。

在银行理财产品多页产品说明书中，投资者除了将焦点放在年化收益率大小、期限长短等指标上外，往往忽略其中一句话，即"超出最高年化收益率部分的收益作为银行的投资管理费"。

那么，银行究竟能拿走多少？《21世纪经济报道》记者调查发现，譬如某国有大银行最近发行的一款34天左右期限的理财产品，投资者获得的年化收益率为5.10%。这款产品的资金，投向非标准化债权资产项目。

该非标资产项目的融资方是浙江一家国有的路桥公司，剩余融资期限是61.03个月，项目年收益率为6.09%。与投资者获得年化收益相比，中间环节约拿走了1%。在另外一款42天的理财产品中，投资者获得预期收益率为4.95%，资金投向山西一家矿业集团，投资项目的年化收益率为6.07%，中间的价差可达到1.12%。

另外在该行针对高净值人士的一款开放式理财产品中，近期的年化收益率在4.15%~4.3%的范围，但是其配置的非标资产项目中，年化收益率从5.84%、6.5%、6.86%到7.5%不等。

在一家上市城市商业银行的理财资金配置中，其在6月初发行的367天理财产品，预期年化收益率在4.75%~4.85%。这款产品的发行规模为3214万元，其中2000万元配置13杭州集优PPN002，1000万元配置14中原高速PPN001，这两项基础资产的票面利率分别是6.25%和6.2%。不过业内人士表示，该利率仅供参考，因为银行并未披露理财资金配置债券资产时的实际利率。

2011.2.5 别指望理财发大财

我从来不把理财当成发财的唯一途径。

理财虽能发财，但跟自己花力气辛苦赚来的钱相比永远是小财。可惜有的人就把二者摆错了位置，让自己的辛苦钱充当发大财的使命，让它不停地奔跑，还美其名曰：理财。

对于这种人，我向来觉得他们是等着天上掉馅饼的主（猪）。

开个玩笑，虽然难听，但道理就是如此。

其实，理财只是让辛苦钱保值的手段，而非赚钱的目的。如果把理财当成赚钱的工具，就会本末倒置，得不偿失。

一个人如果不工作，只靠炒股、炒黄金、炒基金发财，要么他有一个好爹，要么他已经是个富翁。除此之外，像我这样的打工族完全靠投资"发财"的可谓凤毛麟角。你也许会说巴菲特不就是靠投资赚到那么多钱的吗，是啊，可投资家也好，企业家也罢，别人的故事终归是别人的，成功是不可复制的，我们大可不必悲伤富豪榜上没有自己的名字，我们可以做的是，做好自己的工作，多挣自己的工资，也许这样才是比较靠谱的致富道路。当然在此基础上，适当地做点投资也不错。

有时候投资的意义不在于赚钱，而是避免变穷。

作为一个初级理财的菜鸟，最重要的是找到适合自己的投资产品，而大多数人最犯愁的就是陷入两难境地：不满意银行开出的活期低利率，不满意保本型理财产品以及基金的微薄收益，也不喜欢股票和阳光私募的大起大落，于是干脆把钱放在自己兜里。别人知道你有钱存在家，所以借钱的就多了，正好亲戚家的表哥说做生意缺钱，借给他吧，你想了想，上面说的那些理财方式都不好，那么就干脆给表哥吧，因为他拍着胸脯说能给月息五分利，可是又担心到时候表哥一直不还钱；后来终于打听到一年稳赚13%的信托产品，却发现凑不齐

300万元。

　　每个理财产品总是在收益、风险和流动性上纠结不已，如同找女朋友，要么漂亮但不聪明，要么聪明但样子普通，难得碰到才貌双全的女子，却看不上你。

　　这就要综合自己各方面的情况，找到适合自己的理财之路。

　　如果把2011年最常见的理财产品在一个特别的矩阵中一一排列，我们能发现最简单的真理：投资赚钱能力越强，冒的风险越大。比如股票型基金（公募）在2007年一年能帮持有人翻番，但也可能在2008年平均亏损一半。但也有例外，固定收益类的信托一般能拿到稳定的收益9%或者以上，看上去没冒什么风险，但别忘了这样的产品有100万元的投资门槛，而且流动性很差，在持有期间不能像基金那样随意买卖。

第四章

从月光女神变身多金财女

2012.1.1　年薪10万元

现在我的老板对我很好，他总是把比较重要的工作交给我做，我有种被倚重的感觉，虽然每每加班到深夜，但我的工资也在随着时间不断增加，更重要的是，我的职位获得了升迁。

原来我只是个小小的员工。刚来的时候，同大多数人一样，我在公司里是个不显眼的小丫头，没有出众的相貌，没有高超的情商，更没有过人的机智，我有的只是一腔热情，一份真诚，还有对高薪的一种渴求。

是的，我非常诚恳地承认，我对薪水很在乎，我对高薪很渴求，这也许源于潜意识中我对贫穷的惧怕。人家说，"一朝被蛇咬，十年怕井绳"，我就是过怕了穷日子，才这么向往不缺钱的富裕生活。曾经，我在18岁之前，没有吃过香蕉、菠萝、芒果、哈密瓜等北方没有的水果，只是偶尔吃上一次苹果、梨之类的常见物。零食就更是奢侈品了，乡下的孩子有饭吃就不错了，何况靠种地为生的父母还要负担我们的学费。所以，我总是望着父母辛劳的背影，默默地发誓，要摆脱贫穷，过上富裕的生活。

所以，我希望获得高薪，但我并非凭空幻想，而是知道要付出努力。

虽然老板曾经说我聪明，但我从不认为如此，我只是觉得自己不甘于沉默，不甘于平凡。

所以，我常常在每周例会上大胆地发言，对工作提建议，对自己提要求，当大多数同事遇到问题都躲得远远的时候，我却迎难而上。我要用行动证明我是公司最有责任心的员工。

事实上也是如此。果然，老板很快发现了我的忠诚，他给我升职，更惊喜的是还加薪，现在我的年薪已经是10万元了。

我受宠若惊，想想自己刚毕业时那点微薄的薪水，顿时觉得老天待我不薄。

对于尚未到手的10万元，我要好好计划一下如何理财，如何让钱生出更多的钱来。

首先，我还是要先保证自己的生活质量，吃饭穿衣可以省，但可以稍微提高一下档次，所以流动性资金最低保证要达到20%。其次，理性地继续开展黄金、股票、基金的投资，在保证目前收益的情况下，适当增加投入，这部分占50%。然后，购买理财产品，它的收益相对黄金、股票低，但比较稳定，这部分占30%。

哇，美好的生活在等着我，加油！晚上临睡时，我默默地对自己说。

2012.2.3　不要把你的全部身家都用来炒股

现在我的房东是个30多岁的男人，几年前，他炒股赔大了，以致现在整天没精打采，灰心丧气，窝在家里，啥也不干，成了名副其实的"宅男"。

今天，我碰到他的老妈，一个60多岁、头发都已发白的老太太，也许是操劳过度，她脸上的皱纹比同龄人要多出很多，背也驼了。

她跟我说自己的儿子几年前炒股，可能刚开始赚了不少，然后就加大投入，把自己的钱全部投进去了，只可惜最后血本无归，好好的工作也没心干下去了，整个人都变了。以前儿子很爱说笑，现在像个神经病一样，见了人也不爱吭声，待在家里，大门不出二门不迈。

然后老太太说，自己命不好，丈夫死得早，儿子又这样了，现在自己还得为家里操劳。她一个劲儿地对我叹气，眼里充满无奈。

我能想象眼前这个老太太的辛酸，正如我的母亲一样，她们都是不幸的人。我顿时很惭愧，到现在还要母亲为我操心。自从来北京，母亲总是睡不好，怕我在外面吃苦受罪，头发也白了不少。

我的房东头发过早地谢顶了，一双大眼倒是很有神，想必以前也挺聪明。他至今未婚，想必他这个样子，人家女孩也会嫌弃他没有出息。是啊，30多岁了，还要老娘养活，说来也真够丢人的。

这是我第一次见到身边的人被股票害得这么惨。

我顿时吓出一身冷汗，炒股不像炒菜那么简单啊，你不想炒了就可以出锅剩盘，炒股倒好，有时候你不想炒了也不能出锅。

人家说，股市进去容易，出来难。一般人没个几斤几两，想要在里面扑腾出几个浪花，可不是那么容易的。所以说，对炒股不能太痴迷，如果把它当成生活的全部，就会死得很惨。要抱着输赢都能很淡定的心态，才能出入怡然。

所以，身处证券市场之中的投资者，首席经济学家房四海的建议是：一步一个脚印，普通百姓不要搞股票和高风险投资，踏踏实实过日子和看书。房四海见过太多股市悲欢。"不搞股票"，他的理由是："在一个不分红的股市里，玩的是纯投机的圈钱游戏。"在过去22年，A股融资总额为44450.53亿元，而分红总额为20991.31亿元，分红连融资金额的一半都不到。

过去5年中，可口可乐的股价在17.64元之间波动。从2005年到2010年，从投资者获得的红利看，这只"债券"的收益相当于19.95%，这还没有算上股票上涨的收益。巴菲特在1988—1994年期间陆续购入约13亿美元的可口可乐股票并一直持有至今，当然不是为了一箱樱桃味的可乐。根据理财专栏作家杨天南的计算，在截至2010年的24年中，可口可乐的分红每年都在增长，巴菲特共收到现金红利31.7亿美元。

也许很快，中国股民就能享受到如此福利，在证监会主席履新的第一个媒体通气会上，相关负责人表示，将出台举措提升上市公司分红水平。来自证监会的数据显示，2008—2010年，A股实现现金分红的上市公司数量逐年增加，从856家上升至1321家，增幅达到54%，现金分红的金额也从3423亿元增至5006亿元。

分红制度解决了，并不意味着这块肉就能生吃。东亚银行（中国）财富管理部总经理陈柏轩回忆2000年的香港科技股，感慨万千："当时市场非常疯狂，街头巷尾都在谈论股票，买的都是电讯盈科这类电信、网络股，明明知道市盈率已经很高，但还是不管不顾，全民投入。"李嘉诚之子李泽楷在2000年凭盈科数码动力，以2300亿元"鲸吞"香港电讯，成立电讯盈科，却在成立之初遇上网络泡沫破灭。公司股价由之前高位的28.5元一路下滑，在2002年10月初跌穿1元，至0.88元历史低位，沦为"毫子蓝筹股"。高位入股电讯盈科的小股东惨淡收场。

所以，别光看到那些从股票中赚钱的人，还要看到在股票中赔钱的人。股票不是储蓄，可以稳坐收益，它是一种赌博，需要我们用头脑、用眼光去博弈，它的成功一半源于幸运，剩下的一半就源于自己掌握的知识、技术以及良好的心态等因素了。

2012.2.15　炒股心态比炒股本身重要得多

这些天我对于"炒股必须有一个好心态"感受深刻。我的性格不是沉稳型的，所以我在开始炒股的时候也是经过了很长时间的思想斗争。我一直认为自己的性格不适合炒股，因为从小我妈妈也说我是个慌里慌张的人，遇事爱发慌，一发慌就乱套，所以我小时候不知因为做事慌张而办砸了多少事，我眉头上两个大大的疤就是最好的证据。我曾在半年内跟人撞车（自行车）3次，第一次撞断了半个手指甲，第二次跟一个马车相撞，自行车被压扁，第三次被撞到了水沟里。我不知道为什么自己遇事总是慌张，这也许跟自己的心理有关，说明我遇事爱紧张，一紧张就出事。

好在长大后好多了，可也时时吃慌张的亏。所以我一直不敢进入股市，怕自己的慌张会带来厄运。虽然我做事总是小心翼翼，但常常在欠缺思考的状态下选择错误的道路。

人的性格也许是不容易改变的，但我们可以掌控自己的心态，从而避免损失。

我们对于股票的态度应该是理性的，在自己的经济和心理可承受的范围内理性对待。很多人，看人家赚到钱了，就以为天天跟捡金子一样。其实不是，股票做得再好的高手，也会经常犯错误，甚至买错股票，而且不可避免地在重复，只是错误的次数比别人少一些而已。

所以，专家说炒股就是炒心态。

总结我的炒股心态，我感觉还是比较平和的。虽然其中不乏急躁激进，但总体比较稳定，好多次都险中求胜，也曾差点因为自己的急躁心态而输得惨败。

股市中最重要的是心态，其次是技术，再次是手法，最次的是盲目操作，实际上那只靠运气。

许多人炒股失败，不是失败在技术上，往往失败在自己恶劣的心态上。

其实，一些股神级的人物如巴菲特、索罗斯等投资专家总是忠告股民"减少情绪冲动，保持良好的投资心态"，如"离贪婪和恐惧越远，成功的机会就越大""自己是最难战胜的敌人""别把鸡蛋放在一个篮子里"，等等。然而，股市中还是经常有因心理冲动而蒙受巨大损失的事例发生，极少数股民甚至因心理失衡酿成惨重的悲剧……

股市是虚拟的，它不像战场那么血腥，但它的惨烈程度同样不可小觑。聪明的炒股人懂得股票市场不仅有无限的机会，更有无尽的风险，可悲的是，大多数人只看到了机会，而忽略了风险，以致输得很惨。所以，过于乐观的心态也是炒股的一大禁忌。

在股市，我发现如果你适当放弃一些小机会，去捕捉自己经过分析判断后的大机会，则有可能获得胜利。

有的人在进行操作时，往往一开始是奔着这个目标前进的，但中途发现了更好的目标，就开始心猿意马，放弃那些他们认为的小机会、小钱，转向大机会、大钱，结果哪个都没有到手。

有这样一个故事：

有一个后生进到一个庙里，见庙里有一头牛被拴在一根木桩上。这头牛围着木桩不停地转，想去吃旁边的青草，不过，这头牛被绳子困扰着。后生想借此考一下庙里的一位禅师，他问禅师什么叫"团团转"，禅师顺口就回答说，"皆因绳未断"。后生感到吃惊，他本来认为禅师不会注意牛的情况的。这时候禅师说："你说的是事，我说的是理。你说牛被绳缚不得解脱，我是说人心被纠缠了就不容易超脱。"从这个小故事里面，我们得到的启示大概就是应该学会放弃，然后才可能有新收获。

这个故事我深有体会。在我刚开始进入股市的时候，股市正值上升期间，一进入，我就赚钱了（也许是我运气好吧），那个高兴劲就甭提了，比捡到几千元还高兴。后来，我人性的贪婪就犹如那根牛绳，希望赚更多的利润，涨了还嫌少，致使最后自己坐了趟"飞机"（赚的钱没有变现，回调时利润又还给了市场），白忙活了一阵子。赔钱了，心态自然消极，一度不愿提及"股票"二字。

怎么改变这样的情况呢？也好办，给自己设立一个合理的预期价格作为止盈价格（止盈价格的设定和技术分析有关），涨到了就卖掉；当然，你也可以卖得更高些，但是绝对要保证自己的止盈计划被坚决执行。放弃自己止盈价格以上的有些飘渺的利润才可能保证现实的利润，这个时候，你能斩断自己的那根贪婪的牛绳吗？反之，当股市下跌的时候，你也应该斩断那根恐惧的牛绳，大胆在下跌初期止损或在你认为的底部区域加仓。

这里有个问题也要注意，那就是我们放弃的小机会如果在以后成了大机会的时候，你会后悔吗？后悔有用吗？人们总会有这样患得患失的心态（如果当初怎么样，那么现在就会如何之类的感慨），这是极不可取的。好的炒股心态，应该建立在自己明确的目标指导下，目标有偏差的时候，及时纠正才是正确的态度。

其次，在对待股市的涨跌上，我也有一些自己的见解。

还是先说个小故事：

有个老太太有两个女儿，大女儿嫁了个以洗衣服为生的人，小女儿嫁了个卖伞的人。这个老太太每天都不快乐，别人就问她究竟为什么老是愁眉苦脸的，她说，晴天的时候担心小女儿家的伞不好卖，阴天的时候又担心大女儿家洗的衣服不能及时被晒干，所以才闷闷不乐。

这个老太太太悲观，后来有个很乐观的人告诉老太太，你应该这样想，晴天为大女儿高兴，因为她家的衣服可以很快晒干了；阴天为小女儿高兴，因为她家的伞卖得快了。老太太听后，从此就快乐了！

这个小故事告诉我们，考虑问题还是应该以一种积极乐观的态度。在股市，我们能够做到吗？不以涨喜，不以跌悲，这是需要理性的。大盘上涨时，风险在积累，下跌时，风险在释放，这也是为什么要高抛低吸的道理所在。

事物都有其两面性，所以，面对股市的涨跌我们也应该辩证地分析，唯有如此，才可能保持那种阳光心态。也只有心态好了，才可能心平气和；只有心平气和，才可能思维清晰；思维清晰，才可能有正确的分析与判断；判断准确了，那么买进的股票不赚钱也很困难了。

试观股市失意者，要么是赌心作祟，明知已经被深度套牢，却一意孤行，执意在"被套—补仓—被套"的怪圈中轮回，不解套而宁肯把牢底坐穿；要么是贪心不足，眼看大盘一派红火，个股热气腾腾，便毫无依据地提高盈利预期，大笔出手，结果大盘猛地下沉，个股霎时翻绿。

有一位搞证券投资的朋友说："我在6000点的时候挣了2000万元，那时候就应该撤退，见好就收。后来股票大跌，就套住了，当时计算亏损200万元。今年4份印花税行情，又获利300万元，这时候走还来得及，就是太贪心。一句话总结，自己的心态不好，现在已经亏损1000多万元了。"

是的，关于炒股的心态问题是很复杂的心理问题，这里强调的也是大众普遍的心理现象。人们的心理活动直接反映了人们的情绪以及随后的行为方向，所以保持良好的心态在炒股过程中是非常必要的，关系着输赢成败！

最后说几句形成良好心态的方法，就是要经常变化自己思考问题的角度，比如多点思维、逆向思维、换位思维等，也只有把问题想明白了，自己才会感到轻松；轻松了，心态自然就好了，生活也有味道了，那么炒股也会成为一种乐趣的。

高手，无论任何行情，犯了任何操作错误，依然淡定！

只是不断地修补自己所犯的错误，并努力改进，下次才能不再犯同样的错误。

2.01.23.4 "在别人贪婪时恐惧，在别人恐惧时贪婪"

这是巴菲特投资股票的至理名言。当股票价格一涨再涨，大多数人都会不顾一切地买进，贪婪地希望进一步上涨的时候，你要感到恐惧，赶快卖出股票。

当股票价格一跌再跌，大多数人都感到恐惧、心灰意冷，甚至发誓此生不再炒股之时，你要勇敢起来，要贪婪地抢筹，大批买入廉价的股票。

这是炒股的圣经，但也同样适用于任何投资理财。

也许这句话说明了一个这样的道理：不走寻常路，不要人云亦云，要有自己的主见。

刚开始的时候，我也总是认为自己是个新手，什么都不懂，所以就抱着很谦虚的心态经常学习别人，有时候也难免跟风，见别人都说未来会涨或跌的时候，就信以为真地赶紧买入或抛出，结果自然就有"上当"的时候。所以，我后来总结出来一条道理：

凡事，都不要盲目跟风。要跟风，也要用理智的头脑认真分析，不然，就会输得很惨。

贪婪与恐惧是人性的弱点，两者在充满风险的股市中体现得尤其明显。从绝对意义上讲，每一个股票投资者在每天盯盘时，都在做买入还是卖出，抑或是持币不动的思想斗争，并因此经历贪婪与恐惧的双重煎熬。从相对意义上讲，股票投资者的贪婪和恐惧在时空上与主体上是可以分离的。每一轮大盘的牛熊转换，每一只股票的价格涨跌，都在不同的投资者心中引发贪婪或恐惧的念头，从而导致多空博弈、买卖交织的复杂投资行为。巴菲特的"在别人贪婪时恐惧,在别人恐惧时贪婪",正是在这一相对意义上有感而发的。

在我看来,巴菲特的这句话的核心精神,是提醒投资者(包括警醒巴菲特自己)在任何时候都要理性、冷静、有主见、不盲从,而不是机械地诱导投资者去标新立异、剑走偏锋地踩踏投资节奏。遗憾的是,很多人恰恰认定巴菲特就是要鼓励投资者剑走偏锋、与众不同。如果投资股票就是在别人恐惧的时候买、在别人贪婪的时候卖,那么,股票投资者只需要研究心理学就行了,还有什么必要研究金融学和经济学?这显然与巴菲特所信奉的价值投资理念相违背。

股市中,总有一些垃圾股毫无价值,理性的投资者避之唯恐不及,但这种"别人的恐惧",并不能成为你"贪婪"并买进垃圾股的理由。同样,一些好股票如果真正具有高成长前景,"别人的贪婪"也不能成为你"恐惧"的理由,你也可以跟着别人一起贪婪买入,享受这些好股票在新高之后再创新高。

看看我们周围,有多少人等着别人恐惧或贪婪,并以此决定自己该贪婪还是该恐惧?如果人人都这样做,把"自己"赚钱的理由建立在"别人"犯错(即没有正确地夫恐惧或贪婪)的基础上,那么,股票投资者就互为敌人了。而这样一个充满阴谋、彼此算计,从而必然是零和博弈甚至负和博弈的股市,还有存在的必要吗?毕竟,人类发明股市的目的,是共担融资风险、完善公司治理、实现财富共赢、成就科技创新,并最终让人类社会变得更加美好。

恐惧或贪婪,源于每个人内心的理性选择,而不是依赖于与别人心理的反向运动。唯其如此,人才能真正成其为人,也才能成为真正合格的理性投资者。

2012.3.14 去汉拿山吃烤肉

如果周末睡到自然醒，然后出去吃吃大餐，该是多么惬意的事。如果你拥有足够的钱，拥有足够的时间，你完全可以这么做，但如果这两者都没有，就只能窝在家里，哪也不去，过一分钱也不用花的周末。我不是危言耸听，也许有的人会说，我没钱，也可以很舒服地活啊。可是，在现代这个社会，没钱简直寸步难行，而且有钱也是自我价值的体现，是身份的象征，如果只想着享乐，那叫堕落，叫得过且过，叫混日子。

我从来不会抱有这种想法，也许这跟我从小的家庭环境有关。我出生在一个贫穷的农村，但我的家庭条件在当时还算过得去，这主要归功于我那勤劳的父母。我的父母出身贫苦，但他们都很要强，争取靠自己把日子过得比别人好。我父亲自学木工，一辈子很少休息，每天都是从早干到晚，没有星期天，没有节假日，只有年复一年的忙碌。我母亲虽是家庭妇女，却比一般人勤快、要强，她除了督促我父亲勤奋地工作之外，自己还操持了整个家的家务。因此，我小时候，家庭条件还是不错的。

想到父母，我就会痛恨自己的懒惰，一有了点钱就得过且过，就开始享乐，这样迟早会坐吃山空的。不行，我不能放弃对钱的追逐，我还要拼命赚钱，让钱拼命为我赚钱。

为了庆祝自己这个月拿到了不菲的奖金，我特地叫上几个姐妹去外面玩一次。我们来到了附近的购物中心，那里有各种各样的小吃店，我最喜欢其中的"汉拿山"烤肉。

为什么喜欢这个店？这恐怕跟我当初在中关村上班时，总是路过汉拿山而又囊中羞涩，无法实现馋欲有关。而今这种"农奴翻身"的心理总在心头作怪。"一定要去一次汉拿山。"我咬着牙说。

进到店里，果然布置大气，难怪当时总见西装革履、穿着高档的人出入其中，现在我也可以理直气壮地说："我也来了！就一个烤肉店，有什么了不起！"

有钱跟没钱时候的气势明显是不一样的，没钱的时候，整个人就觉得猥琐，买东西一看价签就不敢再看这东西第二眼，还唯恐旁边的售货员鄙视自己。

有钱的时候，你的气场就不一样，那些售货员、服务员似乎也一样能认出你是有钱人，于是他们立马笑着迎上来，不管你买不买东西都对你热情三分，临走的时候或许还会笑眯眯地对你说："慢走。"

所以，这次我去汉拿山也有同样的心理过程。服务员热情地招呼我们点菜、端茶，中间加菜我只需挥挥手，服务员就自动跑上前来，微笑着问："您还需要点什么？"

这里的烤肉果然很香。这次我花了300元，在饭店的时候被气氛哄抬着，感觉很好，回到家就觉得自己又败家了。

不过奇怪的是，竟没有先前那种心疼的感觉。如果换作以前，让我拿出300元请客吃饭，或许我会不舍得，但现在却没有那种感觉。

2012.4.1　别再指望彩票能让你一夜暴富

我很少买彩票，不光是一次也没中过的缘故，更是觉得这是比赌博更害人的东西，赌博尚有几分能猜中，而彩票，却只靠几个数字就中大奖，简直是天方夜谭。

不过，我们总能不断耳闻某个地方有人中了大奖的新闻，也常常看到电视上那些神秘的领奖人，中奖金额高达几百万元，几亿元的也大有人在。就在前不久，我还听说我们河南老家的一个地方有人中了几百万元，怕有人抢，连夜逃到了国外。

真是人一有钱，就变得胆小。

不过我还是认为彩票不是个好东西，至少不能指望它来发财。偶尔做做梦，碰碰运气还是可以的，但是千万别当成一种爱好、一种兴趣，每天都深陷其中，无法自拔。

我老家有个老叔，60多岁，孙子都快15岁了，还整天跟小孩似的跑到县城去买彩票。他不是一次买一两注，而是几十注，这样，他大半辈子积攒的钱都花在了这上面，但还是一分钱没赚回，还赔个底朝天。而他儿子盖房子、孙子上学，他都没有钱去贴补，直叫儿媳妇在外面说了一堆他的不是。

彩票就像水中月，看着很美，却怎么也够不着。

有幸中奖的大概是上辈子积德了吧。——彩票于我而言，就是不可实现的美梦。

最近读到拥有17套住房，价值过千万元的"富婆"环卫工余友珍的报道，她从一个靠种菜为生的农民到一个拥有千万资产的富婆，却还甘心去做一名辛苦的环卫工，并且教育孩子"吃饭就要干活，不能坐吃山空"。这使我联想到以前看到的彩票中奖幸运儿截然不同的人生：

加拿大男子上吊自杀

加拿大一男子7年前买了一张2美元的彩票，中了1000万美元大奖。也许这笔飞来横财来得太容易了，中奖后的杰拉德开始了一系列令人咋舌的疯狂消费。在一些狐朋狗友的影响下，杰拉德开始吸毒和酗酒，奢靡阔绰的生活使杰拉德的千万横财就像水一样地渐渐流失。7年后，杰拉德彻底败光了这1000万美元横财。2005年10月，身无分文的杰拉德在父母家中的车库内上吊自杀，用一根绳子结束了性命。

垃圾工7年败光970万英镑

现年26岁的麦基是英国诺福克郡邦汉姆市的一名垃圾工。2002年，麦基购买的彩票中了970万英镑大奖，他一夜间从一名穷小子摇身变成了超级百万富翁！中大奖后，麦基开始购买豪宅名车，寻求刺激的他还染上了吸毒和嫖妓等恶习。8年后，他将这笔财富挥霍一空，不得不重回做苦力活的阶段，靠救济金生活。而且，由于他吸毒、嫖娼、赌博，导致妻离子散。

百万富翁重新当起泥瓦匠

英国克里夫兰郡里德卡市48岁的泰勒堪称是世界上最幸运的男子，他在5年内连中两次彩票大奖，将142万英镑奖金纳入囊中。泰勒以为自己这辈子再也不用为钱发愁了，可是令他做梦也没想到的是，由于投资失败，他在几年时间内败光了所有家产，并且还欠下累累外债，重新沦为一个一无所有的穷光蛋。为了还债和养家，曾经尝过百万富翁滋味的泰勒不得不重新干起老本行，当起泥瓦匠。

5年前中900万英镑

英国人基思·高夫本是一名幸运儿，他和妻子5年前喜中彩票头奖，获得900万英镑（现约合1368万美元）巨额奖金。

5年后，穷困潦倒的高夫因心脏病逝世，时年58岁。

他的一名好友说："高夫的遭遇刚好印证了一句话——金钱能带给你一切，除了快乐。"

高夫和当时的妻子5年前喜中大奖，获得900万英镑奖金。自那以后，家住布里奇诺斯的高夫辞去面包房的工作，开始过上奢华生活。

高夫中奖后在自己的半独立式住宅附近购置了一套价值50万英镑（76万美元）的房产，购买赛马和高档"宝马"车，还花高价租包厢观看足球比赛。

英国《太阳报》报道，2006年夏天，一群骗子"盯"上花钱无度的高夫，故意诱使他酗酒并雇佣一名20多岁的女子陪伴他左右。

高夫2007年5月与伴他度过25个春秋的结发妻子路易丝分手，随后和这名年轻女子在一处租来的公寓同居。

高夫中奖后饮酒无度。他在朋友劝说下，进入伯明翰一家戒酒中心寻求帮助。没想到，他在那里遇到骗子詹姆斯·普林斯。

普林斯怂恿高夫饮酒，并趁他酒醉时说服他"投资"一些根本不存在的企业，骗走他身上最后的70万英镑（106万美元）。

高夫2010年3月底在外甥保罗·克拉克家独自饮酒时，因心脏病突发去世。他的朋友说，高夫去世前经济状况不佳。

"我的生活原本精彩，但彩票毁了一切。我的梦想化作尘土。当金钱让你在床上哭泣时，它又有什么用呢？"基思·高夫如是说。

也许用古话"境由心生"来解释他们的不同人生结局再合适不过，现在有很多人热衷于购买彩票，对于中彩票的人都是投以羡慕的目光。而不去想如何通过自己的劳动来创造财富，只想着能一夜暴富。对于这样的人，我想说，你的心灵足够强大到驾驭这些财富吗？你的精神力量能抵御财富所带来的物质侵蚀吗？古今中外那么多因为财富而自甘堕落的例子还不能给我们敲响警钟吗？金钱不代表一切，人存在的价值不是由物质享受带来的，而是由精神的富足体现的。也许对于这些幸运儿来说，物质财富带给他们的也许并不是"好运"，而是噩梦的开始。相反，余友珍用她的实际行动向我们展现了精神财富的拥有比物质财富更让人踏实，精神的富足更能涤荡心灵。

2012.4.2　理财最关键的是心情

摩根士丹利华鑫基金副总经理秦红在与投资者们的交流中发现，投资七情"喜、怒、哀、惧、爱、恶、欲"深刻地影响着投资行为。在一次投资论坛上，有位穿着时尚的阿姨提出了一个让秦红印象深刻的问题，并获得了广泛的关注："我从2003年开始买基金，也算是老基民了。以前一直秉承长期投资的理念，却发现一直亏钱，现在我打算低买高卖做短线了。"

阿姨的自我总结正好符合了七情下的投资心情。

首先是参照点的不断漂移，自己的投资到底是赚钱还是赔钱，阿姨也不是很清楚。但是我们按照市场历史推断，以基金指数60%的超额收益来看，阿姨的投资整体盈利是大概率事件。而阿姨口中一直说到的"赔钱"，其实是不断地与过去的最高点相比：2008年与2007年的6000点比较，赔了一半也是正常；等到2010年，就开始与2009年8月的3400点高点比较，赔了20%也是可能；近期，又与2010年10月相比，似乎又赔了10%。在这样连续"亏损"的压力下，做出低买高卖的决策似乎是理性使然。

往回看，我们总会知道那个历史最高点和之后巨大的下跌；但是身在其中之时，却永远无法预测市场走势。上涨之后"再创新高"固然令人愉悦，却远没有下跌的记忆来得深刻。参照点的漂移与选择性记忆，令这位阿姨不知所措，所以才会得出她的结论：卖好基金，留差基金。按照这种低买高卖的思路，其结果可想而知。

从2003年开始，到2010年止，综合指数有超过1倍的增长，基金指数更是1元变5元。然而在参照点不断漂移之下，投资者们感受到增长的日子，综合指数只有7%，基金指数也只有10%；感受到损失的日子，综合指数却超过了70%，基金指数也将近60%。投资是为了赚钱，但风险下的投资不会天天赚钱，为了长期的盈利忍受痛苦，这是基金投资的现实。

因为痛苦就采取如阿姨般的低买高卖策略，最终的大概率事件会是承受了下跌（因为不肯割肉），还赚不到牛市的钱（因为赚钱时会频繁买卖，拿不到牛市的收益）。

外人看来，低买高卖是应该的呀！尤其是高点不卖出，真是笨人所为。在如此的外部压力下，许多人从长期投资者走向短期交易者，这大概也是现阶段基金发行规模尚可，但整体规模下降的原因之一吧。再加上渠道本身的利益倾向，以及长期投资教育声音的弱化，最终让投资者不是走向理性，而是走向短视：逐渐关注短期利益、忽视长期利益，而不再寻求大概率、大幅度的获胜事件。直到牛市来临，他们才发现因此丧失了巨大收益，可惜已为时过晚。

2012.5.1　为做未来的家庭财权领导者而努力

今天，太阳很好，阴沉了好几天，太阳终于出来了，天空也现出了久违的蓝色。

匆匆吃了早餐：一杯牛奶，一个面包。很简单，很温暖，足矣。然后又匆匆赶去上班，我选择骑电动车去。

路上，行人匆匆，年轻人急着上班，老年人急着赶早市，大家都在为生活奔忙，难得见几个悠闲的人。

突然，我听到不远处的十字路口有一对夫妇在吵架，两个人大概刚刚结婚，看上去不过20出头。男的说："你就是抠门，我把挣的钱都交给你，你倒好，每天只给我2元钱，你看看哪个男的口袋里只装2元钱？"

女的扯起嗓门嗷嗷叫："你嫌我抠，我抠是为啥啊，你不看看你以前是怎么花钱的。"

"我怎么花钱啊，老是你管钱，要是我管，肯定比你管得好。"

"是吗？你有多大能力把钱管好啊，你只能越管越少，让你管钱，最后家里的钱都会成负数了。"女的不甘示弱，引得围观的人都哄堂大笑。

男的不好意思了，说："好好好，你管，你有本事你管，我倒落得个清闲。"

"家庭财权谁掌控"是一个敏感而有趣的话题。是妻还是夫更具财权"领导力"？这种家庭财权格局主要因何形成？家庭"财长"最重要的品质是什么？大家对现状是否满意？曾有人对这些问题进行了一次"家庭财权谁掌控市民调查"：女性掌权高于男性近一倍，约一成实行"婚后AA制"。

这次调查显示，"妻子掌权"为大趋势，达到受访人的47.27%；24.61%是"丈夫当权"；16.41%为"家庭民主，共掌财权"；9.38%称"分别管，基本上是AA制"；2.34%认为"说不大清"。

市民周丽娟说，老公大手大脚，很哥们，不能让他管钱。促销员林虹也执掌着家庭财权，她认为这太正常不过了，同事亲戚家"大多是这样的"，还有一个理由是"男人手里不能钱太多"。

教师张怡说以前是她管，但是前年她进入股市大亏后，将财权交给了老公。"他比我冷静，也不会有非理性的购物冲动，让他管更合适。"

工程师黄刚说他家是"共掌财权"，老婆的钱管日常开支，他负责还每月的房贷，遇到大笔开支，商量解决。

49岁的潘老师认为，对一个家庭来说，共掌财权有些难。"经过一段时间的磨合，应该产生一个财权领导者，不然会分歧不断，争吵不休。"

结婚半年的小王家是AA制，各人赚的钱各人用。"上周她给我买了件衬衣，我则给她买了件羊毛衫。常有送礼的感觉，这样好像还行。"

经销家具的刘建明说，日常家庭开支是妻子说了算，但像买房购车这样的大事，还是他做主。

民调人员在汉口、武昌、青山、汉阳街头随访市民，回收有效问卷653份，其中男性362人，占55.44%；女性291人，占44.56%。受访者中30～40岁年龄段居多，占37.37%；其次为41～55岁，有27.87%；

30岁以下为22.82%，55岁以上占11.94%。

家庭财权归宿探因：

51.45%：谁的理财能力强谁管。

38.44%：让心细节俭的管。

35.99%：由更有家庭责任感的管。

形成家庭财权格局的主要原因是什么？选择率最高的是"谁的理财能力强谁管"，占51.45%。

其他原因依次是："让心细节俭的管"（38.44%）、"让更有家庭责任感的管"（35.99%）、"与性别有关"（28.02%）、"收入高的更有发言权"（16.69%）、"不想费这个心，让对方管"（10.41%）、"他（她）大手大脚，不能让他（她）管"（8.73%）、"不让他（她）管就扯皮，免得麻烦"（6.74%）。另有4.15%的人选择"其他"。

"与性别有关"选择率28.02%，让人一下莫名其妙。受访者回答得较多的是：女人更顾家；女人更精打细算；可以预防老公花天酒地。

有网友从进化心理学角度解释"女人天生爱管钱"的原因：女性的生理条件比男性脆弱，在需要力量才能生存的原始社会，她们比男性更少直接参与残酷的生存竞争，而会运用女性天生的细腻和敏感，通过掌管家庭财物来间接参与生存活动，体现自身价值。这一性别特征代代相传。

也有人说，女人爱管财主要是心眼小，对老公不放心，还有就是不自信，管钱更有安全感。

家庭收入谁高？

49.92%：丈夫高。

11.18%：妻子高。

34.15%：差不多。

你家谁的收入高？问卷结果显示，丈夫高者突出，占49.92%；妻子高者为11.18%；"夫妻差不多"有34.15%；另有3.37%"妻子没收入"，1.38%"丈夫没收入"。

从收入看，"丈夫高"者是"妻子高"的3倍多，但能执掌财权的只有妻子一半。可见，收入与掌控家庭财权关联度不大。

某公司常务副总经理郭先生收入是妻子的数倍，家中财权还是老婆管。问其缘由，郭总一笔带过："男主外，女主内嘛。"

程先生收入比妻子少，但他在家一直掌管财权，原因是"两个小孩坚持不要他妈管，说她做事没计划性，管不好"。

五成三受访者满意自家"财长"，一成五表示"不满意，但没办法"。

问及对自己家"财长"的评价，五成三受访者打分"满意"。

其中，表示"满意"的占36.52%，"非常满意"的有17.42%，认为"马马虎虎，说得过去"的为28.64%，"不满意，但没办法"占15.08%，还有2.35%"不满意，准备夺权"。

家住武昌水果湖的胡先生说，老婆喜欢管钱，但是管得"稀烂"。5年前他想买房，但老婆坚决不同意，说房价太高，再等等看，结果拖到去年高位购房。前年股市大跌，家庭财产缩水也就算了，去年行情还行，但是老婆还是亏了近40%。"还搞得整天盯大盘、打电话、买信息，神经兮兮的，真担心她炒股亏钱还不算，外搭炒出个精神病。"他表示，得夺权。

住古田二路的林女士也不满意老公的理财方式："太抠了，只知道省吃俭用，老套。亲戚也得罪了不少。但是让他交权是不可能的，只好这样吧。"

家庭"财长"什么最重要？

38.90%：会投资理财。

32.47%：公正，一碗水端得平。

28.64%：公开透明。

家庭"财长"什么最重要？调查结果表明，"会投资理财"居首位，占38.90%；"公正，一碗水端得平"紧随其后，有32.47%；"公开透明"排位第三，为28.64%。

不少受访者强调，一个家庭会面对八方亲友，公正开支很重要。再就是账目一定要透明公开，"切忌打小算盘，存私房钱"。

近年，投资理财观念深入人心，女性求稳、好储蓄的理财方法受到挑战。男性在理财上的一些优势，如政策的宏观把握力较强，更胆大（这有时也是风险）、心态更稳等，也越来越被配偶重视。

有这样的生动例子：面对加息——男性抓紧投资，女性排队转存；面对通胀——男性力主买房买股，女性调整家庭菜谱。

在低利息的当下，有些家庭自动易权。

这也引发了一些男人女人谁更会理财的争论。较一致的看法是，男女理财各有特点，如女性重稳妥、情绪化，男性喜冒险、较理性。双方应加强沟通，扬长避短。

杨明说，3年前，他与老婆各开账户炒股，结果他家的那个大户，收益还不及他这个小户的一半。后来老婆不得不认输，让他主管家里的投资大权。

"男人理大财，女人理小财。现在她只管家里的日常开支。不过，她小心谨慎的提醒，对我的证券投资还是有帮助的。"杨明如是说。

看完这些调查，我真正领会了做一个家庭财权领导者不是那么容易的事。说白了，一句话，不管是谁，要想管好钱，必须会理财。所以，我如果以后想掌管家庭的财政大权，必须从现在开始锻炼自己的理财能力。

2012.5.14　学习明星们的理财之道

秦海璐理性理财

秦海璐对理财的总结是："我觉得理财，就是'理性有多少，财就有多少'。"她现在基本不再留恋房产、股市、实业之类高投入高风险的渠道，而是踏踏实实通过银行理财。"开始挺偶然的，最初拍戏我收的片酬是港币，那时候外汇不能随便兑换，去香港我也不可能消费那么一大笔钱，只能在银行存着。后来通过汇丰银行做了几期理财感觉不错，这份钱既没有闲置也没乱花，还有稳定的收益，于是也开始在内地银行找理财顾问。"秦海璐感慨地说，这些年折腾下来才发现，打交道最靠谱的既不是投机也非朋友关系，而是银行。

关之琳炒楼赚钱

关之琳绝对是明星中的"炒楼高手"，她买卖楼盘赚到的钱绝不仅仅是几百万港元。

关之琳买来楼盘倾向于将自己的豪宅出租或短时间转手。

1991年，关之琳以760万港元买入渣甸山嘉云台1座楼盘，到2003年8月，她就以1500万港元卖了出去，净赚740万港元；

2004年1月关之琳以900万港元买入香港的西半山宝翠园，现值1595万港元；

2004年2月关之琳又以800万港元买入君颐峰五座高层，现值1600万港元……

我们都知道关之琳拍广告很多，也很赚钱，可是她通过炒楼来赚钱的能力还是可见一斑，难怪她越来越富有了。

明星富婆刘若英"532法则"

刘若英给人的感觉是简单、单纯。在理财方面，她也是如此。简简单单才是真，尽管已经上升为千万级的富婆，但刘若英的生活还是非常简单。衣食住行中，她的穿着就反映了她的生活观。我们都知道，明星是公众人物，要抛头露面，自然不能穿得不讲究，所以一般的明星，花钱最多、最干脆的也许就是买衣服，穿着打扮这方面了。但刘若英则相反，她觉得衣服够穿就行了，大方得体就够了，没必要买一大堆衣服闲置在衣柜里。她更愿意把钱花在吃上。从这方面，我们就可以看出刘若英对于日常生活的要求还是比较简单的。连她目前正在用的一台诺基亚的手机也是好友张艾嘉送的。

在理财方面，简单的刘若英也有自己的一套，但依然不复杂。她从小对管理钱财就没有太多的概念，对于收入也处之泰然，并没有太突出的财技。她所崇尚的是"532法则"，就是收入的50%存银行，30%用来花，比较有特色的是20%留给朋友去借。在她的理财方式中，20%借给朋友未尝不是一种比较高明的理财特色。因为刘若英所从事的是娱乐事业，在这个圈子里，口碑和人缘是比较重要的因素。朋友多了，工作的机会自然也就多了。虽然刘若英收入的20%不是经常随意借人，但她有这个准备，说明她的性格比较豪爽，这种理财方式也有利于她结交更多的朋友，从而得到更多的赚钱机会。这也许是刘若英的无心之得。

刘若英对居住的环境要求很高，所以家里被她布置得非常舒适。她在台北的家最大的特色就是洗手间，洗手间很大，主要用米色、绿色、白色装修，因为刘若英喜欢泡澡，她的一个梦想就是和所爱的人一起泡鸳鸯澡，所以她认为颜色舒适、大一点的空间，感觉就会好很多。除了吃，刘若英最喜欢的就是买书了，"书中自有黄金屋"用来形容她对书的爱好应该是比较贴切的。刘若英在其他方面比较节省，但在买书方面却非常舍得花钱。目前，刘若英的书房已经摆了她自己都数不清的书，很多书已经装到了大大的木箱里，而她最喜欢的人物传记之类则已经被珍藏起来。她最近在追捧的是高行健的《个人的圣经》，日本作家吉本巴娜娜的作品和董桥的作品也是她的至爱。同时，CD也是刘若英收藏的物品。

对于一个艺人来说，艺术生涯的延续也许是他们最大的投资目的。容颜易老，而内涵的提升则是无限的。刘若英对书的热爱，其实也有利于她进一步地拓宽自己的视野，提升自己的演艺水平，由此而带来的财富也将会大大增加。因此，买书是她最大的投资，也是她最成功的投资！

李冰冰：三点一线理财法简单而有效

说到理财绝技时，李冰冰坦言："我的理财方法简单而理性，工作赚钱、有计划地消费、存钱，三点一线。这是一种初级的理财方法，但是却非常有效果。"

荧屏上的"百变精灵"李冰冰凭借《猛龙》和《独自等待》，影视事业一片红火。而随着知名度的提高，李冰冰的收入及商业价值自然也直线上升。在2006年中国福布斯排行榜中，李冰冰以1300万元的收入排在第10位，成为名副其实的"小富婆"，当然，这与她的理财之道——"三点一线"理财法是分不开的。

（1）出道前，按计划消费，努力挣钱。

李冰冰出生于东北一个普通的家庭，家境并不宽裕。也许正是因为经济拮据的原因，李冰冰从小就很节俭，甚至对金钱有着超出实际年龄的理性。"我从来都不会乱花钱。我所认为的'乱'，就是肆意挥霍，想到什么毫不考虑就买。当然，我也会有自己的喜好，会有想买下来的冲动，但我会理性地抑制自己的冲动。实在忍不住时，我就会努力存钱，把自己要买的东西列入计划当中，让自己花钱有条理，心中有数。"

1993年，李冰冰到上海戏剧学院念书。在那段时间里，李冰冰家里的经济状况不是很好。为了减轻家里的经济负担，李冰冰开始试着接拍广告。她拍的第一个广告是地铁广告，当时挣的钱不是很多，也就几千元而已。钱虽然不多，但是想到可以减轻家庭的负担，李冰冰心里就分外高兴。

一个偶然的机会，李冰冰接拍了玉兰油广告。由于广告的效果非常好，李冰冰竟获得了26万元的高酬劳。这是她在家里最缺钱的日子里赚的第一桶金，把妈妈的医药费、李冰冰自己以及妹妹的学费问题都一起解决了。因此，家人戏称她为家里的"大救星"。在上海戏剧学院求学的日子里，由于李冰冰接拍了不少广告，被誉为广告专业户和上戏的"小富婆"。

经济条件改善后，李冰冰依然坚持着自己的消费习惯。去逛街时，李冰冰看到花花绿绿的衣服还是很有购物的冲动，但她会理性地先把想买的东西列入计划中，调配好预算后才去购买。也不知为什么，那时的李冰冰对美丽的服装极为感兴趣，她经常站在服装店的玻璃橱窗外，想象自己有一天能穿上那些漂亮的衣服。"当时，我最大的心愿就是赚一点钱以后开一间服装店，这样就可以每天换漂亮衣服。"说起往事，李冰冰流露出满脸的笑。

（2）成名后，有规划地购房、买车。

进入演艺圈以后，李冰冰的收入逐渐地在增加。但是之前对漂亮衣服没有免疫力的李冰冰，出名以后反而对很多物质上的东西失去兴趣。她解释说这不是自己对物质的超然，而是没那么执着了。就漂亮衣服来说，现在常年在剧组里穿戏服，自己买了漂亮的衣服也没多大机会穿。而且，从小习惯了节俭生活的她，现在还是忍不住按计划来花钱，不想自己乱花。

为家人买房一直是李冰冰的梦想。因此，按照平时理财的一贯做法，李冰冰先是按照计划为父母在西湖边买了套房产，让两位喜欢西湖的老人，可以在每天清晨沿着西湖堤岸跑步、晨练，享受轻松、惬意的生活。接着，为了拍戏的方便，李冰冰又订下计划，在北京为自己买了一套房，享受单身生活。

李冰冰在北京有了自己的小窝。面对自己独居的小家，李冰冰并没有像有些名人那样，把家里装修得豪华奢侈。李冰冰认为："房子是供自己住而不是给别人欣赏的，简单舒服就好。"尽管李冰冰已有了两次买房的经验，尽管眼见身边不少的圈内朋友投资房产收获颇丰，但李冰冰还是觉得房地产这个行业太深奥了，只知道一点皮毛的自己，不敢贸然入市投资。但假如有经验的好朋友介绍的话，她今后也会考虑在这方面投资。

成名以后，李冰冰却像男孩子般迷上了车。虽然年纪不大，但李冰冰的车龄已经有7年。李冰冰的第一辆汽车是丰田轿车，是李冰冰自己买的。理性而直率的李冰冰始终认为花自己赚的钱才心安。因此，对于自己喜欢的服装和爱车，她都是按计划提前规划好支出才购买，而并不是想买就毫不犹豫地去行动。

（3）"三点一线"理财法，简单而有效。

直率的李冰冰坦言自己是一根筋的性情，不懂得投机。因此，她的理财方式无外乎三点一线：工作赚钱、有计划地消费、存钱。

"有计划地花钱、存钱，这也许是最初级的理财方式，但是对于我来说，很有效。身边很多朋友是投资观念代替了理财观念。他们会用一些大众的投资方式实现增值，比如买房再卖房、股票证券投资。这种投机会牵扯很多的精力，所以我暂时还不会去尝试。"

李冰冰没有做过专业的理财EQ测试，但她感觉自己还是属于保守型，这对她自己而言足够了。在她看来，专业理财是通过专业的投资建议、最大化的收支平衡或者是长线投资获得收益。不过，李冰冰仍然觉得自己的重心和精力还是在拍戏上，毕竟这是自己的全部收入。因此，理财还是简单点为好。

尽管没有专业理财师帮忙打理资产，但李冰冰会根据自己的收支比例来做好规划。很多女孩子通常都是把消费之外的余钱存起来，但李冰冰是规划好消费和存钱的比例，理性地按照计划来消费。当记者问到如何按照收支做好消费和存钱比例时，李冰冰却笑着说"这是女孩子的秘密"。

谈起未来，李冰冰说自己不是一个对将来很有规划的人，但是自己会勇敢面对现实。李冰冰觉得演艺圈是时机不等人的，因此，她会付出比别人多几倍的努力和勤奋来做好自己目前的工作，从而更好地把握现在。至于理财，她则始终相信自己的三点一线理财法是简单而有效的。

第五章
我是传说中的"凤凰女"

2013.6.1　好多"宝宝"来了

2013年感觉是很平淡的一年，国家大事除了"4·20"雅安地震、"6·11"神十发射外，别的也记不起什么了。但是在这个网络发达的时代，有个"宝宝"的降临使这平凡的一年有了一点点的乐趣，余额宝——几乎所有会上网的人都知道。"一石激起千层浪"，这就是在这追求金钱的年代对余额宝最好的形容。

余额宝是由第三方支付平台支付宝打造的一项余额增值服务。它被银行界尊称为"搅局者"，我们且不管它对银行的冲击有多厉害，对银行的影响有多大，我们只关心它给普通老百姓带来的好处。

余额宝的优点

（1）用户不仅能够得到较高的收益，还能随时消费支付和转出。

（2）用户在支付宝网站内就可以直接购买基金等理财产品，获得相对较高的收益；同时，余额宝内的资金还能随时用于网上购物、支付宝转账等支付功能。

（3）转入余额宝的资金在第二个工作日由基金公司进行份额确认，对已确认的份额会开始计算收益。

（4）支持支付宝账户余额支付、储蓄卡快捷支付（含卡通）的资金转入。不收取任何手续费。通过"余额宝"，用户存留在支付宝的资金不仅能拿到"利息"，而且和银行活期存款利息相比收益更高。

（5）门槛低，最低1元就可以存入余额宝。

随着余额宝的到来，越来越多的"宝宝"也加入到了这场余额争夺战中。

非银行类"宝宝"（或互联网宝宝）：微信全额宝、京东嘉实活钱包、兴全添利宝、网易现金宝、百赚利滚利、淘宝余额宝、微信理财通、苏宁零钱宝等。

银行类"宝宝"：中国银行的活期宝、平安银行的平安盈、工商银行的薪金宝、交通银行的天天理财A基金、民生银行的如意宝等。

面对这么多的"宝宝"，我想谁都会头晕的，那么，我们该怎么选择适合自己的呢？

实际上，无论是互联网的各种"宝"，还是银行的各种"宝"，都有一些共同的特点，其实质都是货币型基金产品，收益率都比较接近，而且购买起点都很低，随时可以申购赎回，因此深受投资者的青睐。

互联网"宝宝"在网络支付服务方面显然比银行"宝宝"更有优势，而且资金转出方便。简单的网上、手机操作即可完成，只需要我们动动手指就能看到收益的明细，大大减少了我们的时间、路途、交通费用等，同时，这也是最好的金融教育实践课程。

而在认购额方面，银行对互联网"宝宝"资金的限制，支持绑定微信理财通的12家银行均对其设置了单笔限额或者单日限额，这使得银行"宝宝"也占据了一定的优势。

在安全性方面，显而易见，银行"宝宝"明显优于互联网"宝宝"。银行推出的各种"宝宝"由于有银行实行全程监控，资金安全方面能得到很大保证。如果发生资金被盗等，公安部可以正式立案，而银行也可以查到资金的具体来源取向，就算真的是追不回来钱，也可以起诉银行，让银行赔偿。

但是网络"宝宝"就不一样了，开一个账号，只要注册一下就可以了，完全不用经过柜面，要是你的电脑中病毒了，而且资金丢失了，虽然有保险赔，但是密码泄漏后就可能不会赔你。而网络"宝宝"，比如微信的理财通都是通过微信绑定银行卡进行充值，这样对于很多用户来说仍比较担忧其安全性。

余额宝被银行界称为"搅局者"，认为抢了他们的奶酪，可见它对银行的冲击有多大。但是我认为它为我们大众开辟了一条比较公平的理财之路，所以，我是比较赞成的。为了支持马云，支持余额宝，支持这种打破常规的新产物，我果断地在余额宝里面转入了1万元。

2013.6.15　1万元奖金

前几天，老板给我发了1万元奖金，因为我刚刚给老板拉来一个大单。这可是我花费两个月时间，耗尽脑力、体力之后得来的，其辛苦程度不是一般人能想见的。

1万元，您别看这个数字挺多，但对于我给公司创造的价值来说，就是小菜一碟了。那个大单的利润可是10万元啊！

不过话说回来，老板也算大方，如实履行了自己的承诺（公司的奖励提成比例是10%），所以我对老板还是挺感恩的。说到这里，可能有的同志不乐意了：哼，假惺惺，傻乎乎，这年头，谁还感恩老板啊，不揭露老板剥削压榨我们就是好的了。

其实，我不这么认为，我觉得作为一名员工不能一味埋怨老板没有给自己高工资、好职位，而应该时刻心怀感恩：感恩老板给自己一个发挥才能的舞台，感恩老板教会了自己很多知识和技能。这样才能转变心态，才能以积极乐观的心态去工作，如此方能做出成绩，也方能得到老板的认可，而高薪和好职位也自然就有了。

说实话，以前我也曾抱着"埋怨""混日子""混工资"的心态工作，但后来我发现如此只能让自己处于被动和劣势，而丝毫无济于自己的成长。于是我改变心态，果然，自己每天再也不是烦恼消极了，而是积极乐观，工作成绩也跟着水涨船高。

所以，任何时候都不要抱怨别人，而要从自身找原因。

这是这几年我在这家公司做得风生水起的原因，是深受那个夸我"大脑门聪明"的老板重用的原因，是我年纪轻轻就被委以重任的原因，也是我在27岁的年纪就有车有房、资产达百万元的原因。

这不是自夸，而是实情。其实，自夸也要有自夸的资本，不是吗？

2013.6.29 投资余额宝，不如投资房产

言归正传，老板给我发了奖金，我在思考如何将之用于理财。要是以前，我就直接放在余额宝里面，省心，利率也不低，还能应对生活中不时之需。可是，最近我发现余额宝的收益开始下跌，虽然我知

道余额宝属于货币基金的一种形式，有涨必然也有跌，但还是很不爽，谁不希望天天让钱生钱啊。

所以在一段时间余额宝收益率不断下跌之后，其前景也不再被看好，而且银行界一直在打压余额宝。那么手中积攒了不少闲钱的人，应该考虑哪些理财方式呢？个人认为投资房产还是很明智的选择。

一方面房价不断上涨，买房可以抗通胀，也可以解决学位、户口等现实问题，而市面上也有一些低总价、低首付产品。

我们在网上会经常看到有人说房子要降价了，要崩盘了，炒房的人多，真正去居住的没有多少，等等。以我这几年看房买房的经历来说，炒房的人是有，但是买房的刚需者远远大于炒房的人。

我几个同学买的房子位置环境都不太一样，但是有一个情况是一样的，那就是入住率，基本上都超过了70%。网上说郑州东区的鬼城，没有人入住，那是有它的原因的。东区是新开发区，也是办公的聚集地，而且房价要比市区贵了接近一倍，能在那里买房子的都不是工薪阶层，他们不缺房子住，所以东区空置是很正常的。

房地产虽然经过过去两年快速上升的冲击，房价已经处于比较高的一个位置了，国家也出台了一定的政策去控制房价的这种飙升趋势，好像房产让人感到岌岌可危，可实际上政府只是去控制房价，并没有打压，房价只是放缓了上升的步伐，并不会迅速下降。

在国内，收入上升、城镇化步伐加快、小家庭渐多以及缺乏投资选择皆推动住宅市场向上，相信这些推动因素在中期内都不会改变，所以，只要资金充足，有购房需求，肯定是可以买的。

我们就来看一下投资房产的优点：

（1）房地产是一种固定的、实用的消费品。

房子是人们生活的必需消费品，特别是在城市当中，但不同于一般的消费品。一般情况下，房子的使用产权期限是70年，商住两用是50年。这种长期耐用性，为投资提供了广阔的时间机会。

（2）房产的价值相对稳定，不动产是保值品，在平安的年代贬值的可能性很小，而且它是随着GDP一起上涨的。

房地产相对我们日常消费，具有相对稳定的价值，社会和科技的发展等对其影响比较小。不像一般消费品，会随着科技水平的进步，其价值不断下降，如汽车、电脑、家用电器等。而房产是恰恰相反的，社会进步越快，经济发展越快，房产的价格就越好，所以房地产具有较好的保值增值功能。

（3）房地产具升值的潜力。

由于我国土地资源稀缺、人口密度大、居民生活水平提高，整个社会对房地产的需求长期处于上升趋势。人要生存、要生活，总是要有地方住的，而且对居住条件的需求也越来越高，这些机会为房地产投资带来可预期的收益。

我们看到汽油的价格跟滚雪球一样一路狂涨，很显然，整个物价指数的走高，必然会带动房价上扬，连白菜萝卜的价格都在上涨，房价没有不涨的理由。不可能其他物价上涨，而独让房价下跌吧？因此，要控制房价，就必须先稳定CPI，否则控制房价只能是一厢情愿。

所以，房子是保值增值的最佳投资，房子已不再仅仅用于居住，同时更是一种理想的投资产品。在银行利息式微、股市风险较大、黄金行情不稳等因素的催动下，房子成了百姓最为保值增值的投资产品。

不过，尽管你有钱可以投资房产，但也要小心谨慎，弄不好会"散尽千金回不来"。

"房地产投资绝对不是一项适合所有人投资的项目，因此，在决定投下大量资金之前，明智的人应当打下坚实的基础。"一位被誉为"诚信可靠的房地产投资专家"的美国女投资者维娜·琼斯·考克斯这么说。

　　这位美国女投资者认为，股票市场持续低迷，越来越多的投资者正在寻找可替代的投资市场，通常他们会将目光投向房地产，认为房地产市场是"安全的储蓄罐"。但千万不要这么快地下结论，大多数房地产投资者得不到多少有用的咨询，有时候甚至是一些有害的投资建议。他们极其努力地工作，到头来却发现损失了大部分甚至是全部巨额投资。

　　为此，维娜总结了每个成功的房地产投资者必须遵循的五大步骤：

　　（1）加入一个房地产投资俱乐部或者协会之类的组织。实际上没有什么书可以真正地帮助投资者在特定的房地产买卖中做出投资抉择，也没有什么人能靠接受一些房地产方面的培训，或者从那些买卖房地产、正在经营房地产的人那里获得真正有用的教育。只有想办法从那些成功和失败的房地产投资案例里吸取他人的经验、教训，才能使自己形成较完善的房产投资理念。

　　（2）真正确定你想要得到的是什么。这并非简单地意味着"我要购买房产"，购买房产只是实现目的的手段，而快速兑现、提高现金流、增加退休收入或者减税等，才是你投资房地产的真正目的。

　　在房地产投资的开始阶段就定下现实的目标，可以使你在寻找合适的房源时，专注于区域分析、寻找房产出售者以及退出策略，发现这些因素是否最大限度地符合你的预期目标。

　　（3）决定何种投资方案最有效。事实上，总共只有5个基本的房产退出策略可供选择：零售、整体出售、附带购买选择权的租约、业主融资租赁以及出租。一旦确定了自己想要获取的目标是什么，可供选择的策略就会极其有限了。例如，如果你的目标是进行财富的长期积累或者增加被动性收入（坐享其成式的出租收入），那么零售和批发出售的策略就不适合；如果目前你需要大量现金用于还债或者进行其他项目的投资，那么将物业出租就是个错误的选择。合适的投资策略还受到个人受教育程度、个性以及个人可利用资产的限制。只有仔细审视了目标、个人可利用资产以及负债能力之后，你才能决定出唯一一条可以从房地产市场赚到钱的方案。

（4）下定决心，获得相关知识和技巧，使自己的策略奏效。任何描述特定房产投资的书籍都会指示你如何在这项房产买卖中赚钱，如果你只是计划买进卖出房产而谋利，则就无须知道房东与租客间的法律规定，但如果涉及承租或者签订带购买选择权的租约，则必须了解并弄懂这些法律规定。

2013.7.1 购置第二套房产

我的一个男同学小高本身并无太大缺点，只是爱吹吹牛，偶尔喝点小酒，倒也安稳上班，每月挣得几千元钱，够交房租和生活费。

去年他结婚了，当时他老婆的家人提出有房子才能结婚，可是这对于他和他的家庭来说是不可能的，他的父母身体不好，常年吃药，而且还有个弟弟在上学。

不过后来女方家人还是同意了，听说是当时小高哄住了老婆，说先结婚，然后再买房，而且绝不超过一年。也许是他的老婆很通情达理，劝通了娘家人，总之两人很快就办了婚礼。

结婚后，小高还是偶尔喝点小酒，根本不提买房的事，这下他老婆不高兴了——你哄我呢。于是，两个人热战、冷战地进行了好几个回合，终于，女人在娘家人的"撺掇"下，一气之下去了北京，从此再也没回来。

你能说这是房子惹的祸吗？还是怨这个男人活该？还是怨房子太贵？还是怨女人太势利？

兴许，这些都是他们分开的理由吧。

这说明房子的地位已经上升到了影响爱情的地步：没有房子，光有爱情，那会被人认为是骗子。

这个社会就是如此，谁也左右不了什么。

说了这么多，我无非想证明房子多么重要。在这个时代，没有人性都可以，千万别没房子。

最近手里的闲钱越来越多，已经到了30多万元了，我于是开始盘算着用来做点什么好。

朋友说，你有钱借给我吧，我呵呵一笑，知道他也是开玩笑，哪有借钱这么随意的，没有几个理由在这年头如何能借来钱呢。我知道他只是夸赞我现在的钱多而已，真正借钱给他，他也不会要，因为他比我还有钱。

这年头，有钱的总说自己没钱，没钱的硬是不肯舍下脸来承认自己没钱。钱，总是个让人无奈又生厌的玩意。可是离了这玩意，任何一个人又都无法存活。

所以，借钱的话不到万不得已，谁愿意说出口呢？即使是亲朋，是好友，也难免觉得羞涩。回想起来，这几年，我还从未跟任何一个人借过钱，即使在最难的刚毕业的那几年，也没有跟别人张口借钱。借钱是很让人为难的一件事，自己为难，怕遭到别人的拒绝；别人也为难，不想借却又不知如何说。

所以，最好还是自己有钱，就无须为此烦恼了。

话说回来，我不是打算再购置一套房子吗，尽管有几十万元，但也不够全款，怎么办？我打算买个小户型，70~80平方米。为了避免第二套房产的高额贷款利息，我打算用亲戚的名义来买。

本来想用老公父母的名义，后来问了一下售楼小姐，她们都说年龄超过60岁的老人一律不能贷款了。真是的，人过了60岁，都成了穷光蛋了吗？还怕还不起贷款？真是小瞧人。

后来想到老公的姐姐。在这里补充一点，大家可能会问我，为什么不用自己娘家的亲戚？说来令人气愤，娘家除了母亲，只有一个哥哥，哥哥还是个十足的怕媳妇货、傻帽，嫂子是个十足的泼妇、悍妇。在对待我和母亲方面，两口子只讲收获，不讲付出，蛮不讲理。所以，打死我都不会用他们的名字的。

所以，现在只剩下一个人的名字可用，那就是老公的姐姐。老公的姐姐在农村老家，从未买过房，她人挺老实，所以不用有任何担心。

后来，我瞅了一个月的房，跟着售楼小姐看了好多房子，才决定在西环一个偏远地方买，虽然远离市中心，但这里交通四通八达，紧邻西三环及一条主干道，对于我这样的有车一族来说是再合适不过了，以后我要回老家就非常方便了。而且价格偏低，比其他靠近市中心的每平方米低了好几百元钱。

2013.7.20 不要相悖你的理财初衷

在理财路上，总有人怕这怕那，畏首畏尾，不敢前进，这样只能止步不前，让财富停留在原地，无法获得更高的收益；也有人贪婪无度，幻想一夜暴富，或者投机取巧，发点横财，殊不知，贪婪是致富的最大敌人。

当我们的内心被贪欲占满，理智就会丧失，就会做出超乎寻常的愚蠢行为。这是与理财的初衷完全相悖的。

今天，看《都市快报》新闻，说有个男子陈某本来收入不菲，一年10多万元的收入，事业也不错，整体过得挺好，但他还不满足，梦想靠投资创业。

他不想一点一滴地做起，他要用大钱炒更大的钱。于是，他利用职务之便（财务经理），前前后后动用了公司1000多万元来炒黄金。

可惜他不是那块料。2010年10月陈某开始炒黄金时，黄金1300多美元/盎司，之后一路大涨，到2011年9月突破历史高位，达1920美元/盎司。

其间，陈某觉得黄金涨得太厉害了，肯定回落，于是大肆买跌，结果一口气亏掉了400多万元。

之后黄金处于盘整期，相对平稳。陈某不甘心失败，又在另一家贵金属交易平台注册账号。这回，他把希望寄托于黄金投资机构，请专家帮他操盘。没想到所谓的专家更不靠谱，半年后，他发现自己的账户被专家频繁操作，交易费达上百万元，可户头里的300多万元却亏得精光。

去年年底以来，黄金创下历史性下跌行情，到今年5月跌回了1300多美元/盎司。

从去年下半年开始，亏红了眼的陈某决定自己力挽狂澜。看着黄金不断下跌，甚至接近1200美元/盎司的开采成本，陈某认为必涨。每次下跌后，他都继续补仓。

截至今年6月初被抓时，他又亏掉了300多万元，贵金属交易账号里只剩下了70余万元。

最终，他因涉嫌职务侵占罪，被警方提请逮捕。

这个陈某是典型的贪婪者，炒黄金、理财最基本的原则是要拿自己的钱去投资，如果拿公款去换取更多的收益，只会搬起石头砸自己的脚。保持底线，不触犯法律，是理财的人最应该谨记的。

2013.7.29　如果有钱，你也可以理直气壮

今天，打开电脑，打开QQ，又看到欣给我发的消息：

"我没法再这样下去了，她又刁难我，每天说我这做得不好，那做得不好，今天，因为一点小事，她又数落起我来，我气不过，还嘴跟她吵了几句，最后她竟然出口骂我……"

我的最好的朋友欣一毕业就嫁到了遥远的他乡四川，现在她已经是两个孩子的妈了。这几年，我时常听她诉苦，说婆婆对她如何刁难。我知道欣不是个特别勤快和整洁的女孩，但她心地善良，正直诚恳。尽管她为他们生了两个孩子，但在那个家的地位没有得到一丁点改善，她婆婆总是对她挑三拣四，数落甚至谩骂。

我不知道这几年她是如何过来的，毕业后她只工作了很短的时

间，便陆续有了两个孩子，之后就再没有出来工作，而这也成了她婆婆嫌弃她的理由。没有工作，没有收入，她婆婆甚至连一分钱也不给她花，而她的丈夫也挣不到钱，就这样，她过年想回娘家都不可能，一是婆婆不让她回，二是她自己连回家的路费都没有。有一次她非要回去，还要提前让她妹妹过去四川接应她，撒了谎才领着两个孩子出门，搞得跟地下党似的。

我不知道她心里是怎么想的，难道这种日子还是人过的吗？如果换作我，我早就离婚了，不离婚也会离开那个混蛋婆婆。可是，她终究熬了过来，说是为了孩子。

我已经看出来了，女人没钱，连婆家都会嫌弃，连娘家都回不去。真是可怜。

所以，我总是劝她趁早摆脱孩子，摆脱家庭，出来工作，有了钱，她就不会这样受人约束了。

果然，她采取了这一行动。现在，她每个月虽然挣得不多，但也可以在月底攒下一些钱来，以后，她再回娘家的时候，再也不用让妹妹过去接应了。

还有一个同学，老公很能挣钱，自己则乐得在家做家庭主妇，每天煮煮饭，扫扫地，之后没几年，老公出轨，我劝她离婚，她则这样说："我不离婚是因为钱。即使这段婚姻已经千疮百孔，但至少在经济上我没有后顾之忧。离婚后什么都要靠自己，我想想就很害怕。我已经有好几年没去工作了，不知道自己还行不行。不错，这几年，我们的婚姻早就名存实亡，但至少在经济上我不用担心。"

随后，她却哭了："我只是不知道该怎么办，我已经快30岁了，要我面对现实，自己养活自己，光想想都觉得可怕。我做梦也想不到自己会落到这种境地。"

凯瑟琳·赫本总结得好：女人啊，如果你可以在金钱和性感之间做出选择，那就选金钱吧。当你年老时，金钱将令你性感。

女人，任何时候都不能指望男人养活自己，世界上没有任何一个人比自己养活自己更容易。

说起来，"嫁汉嫁汉，穿衣吃饭"，女人靠男人天经地义，男人养活女人理所应当，但女人们啊，如果你找的那个男人没有钱怎么办？他无法让你摆脱贫穷，过上小康生活怎么办？

其实，说起来，令女人悲惨的原因还是在女人身上，如果当初就不抱靠男人过活的想法，也就不至于此了。

我有一个好朋友，最近听说怀孕了，本来大喜的一件事，可在害喜的那段时间，她总吃不下饭，还吃什么吐什么，每天基本上都是靠喝水度日，自己做的饭已经吃不下，有时想出去吃点好吃的，又因为家里拮据，固然不舍得，更别谈买营养品、孕妇奶粉来补充营养了。可惜的是，几个月后，胎死腹中，医生诊断为缺乏营养造成胎儿发育停止。

也许这只是个例，或者是医生诊断有误，但可以肯定的是，人是靠饭生存的，更何况是孕妇？

钱，还是因为钱，如果有钱她或许就不至于在吃不下饭的时候不舍得去买好吃的，哪怕每天花20元钱也不至于最后那么惨。

真是替她惋惜。

经过这几年的理财之路，我越来越觉得，作为一个女人，可以手里没有高档化妆品，没有高档服装，也可以没有男人，但千万不能没有钱。

2013.8.1 地方台竟然卖起了外地的房子，新鲜！

真是新鲜，我们郑州的地方台竟然卖起了海南的房子。

晚上，我拖着疲惫的身躯回到家，第一件事就是打开电视，好让自己紧绷了一天的神经放松下来。

频道是我们河南的一个地方台，在电视剧结束后，一下子蹦出来这样一个画面：一个女记者拿着话筒站在一个阳光海滩的地方，身后是几座高高的、看起来很高档的楼房，我还以为记者去这个美丽的地方做采访，要么是报道什么新闻，没想到，等记者开口讲了几句话，说什么"养生圣地""投资房产"之类的词语时，我才明白这是在变相地为房产商做广告。

这个楼盘是在旅游胜地海南。海南的风景优美、气候宜人、空气清新是人人皆知的，但大老远地跑到那里买房子，还从来没想过。如果现在我要投资房产，或许我也只是在附近的省市就近选择，绝不会想到要去千里之外的他乡掷下大笔钱财。但在这个记者的采访中，来这里买房的还真不少，竟然连新疆和东北的人都来这里看房了，他们主要看中的还是这里的地理优势，买来大多是为了养老、养生。

真是稀奇，电视台也帮着房产商卖起了房子，我看这么多年电视，还是头一次见这样的事。

不过这倒让我突发奇想：我能否也去那里买房呢？

或许多年以后我可以带着一大笔钱去那里安度晚年，又或许我可以拿来做投资，等几年之后房价上涨，我再狂赚一笔。

哈哈，这个想法不错，我很为自己的聪明叫好。为此，一晚上我都激动得没有睡好，恨不得立马飞过去抢购。

但我天生是个谨慎的人，虽然爱冲动，但也不乏谨慎小心，尤其是大事，我都会在心里好好盘算之后再做决定。

我赶紧上网搜索了一下海南的房产情况，发现海南别称"椰岛""长寿岛"，全国第三、第四次人口普查结果表明：海南人均寿命居全国之冠。早在1996年，海南人口的平均预期寿命是73.13岁，是高于全国人口平均预期寿命的省份之一。

海南的生态环境非常好，水质好，气温好，空气好，空气中的负氧离子含量极高，浓度达5万～10万个立方厘米，比国内大中城市高出十几倍，是天然的"大氧吧"。许多中老年疾病如冠心病、老年慢性支气管炎等，在这里都会得到不同程度的缓解，部分病人会慢慢痊愈。这里无愧于度假、养老的最佳第二居住地。

我不禁心向往之，再搜则更让我心动：

"海南的房价涨幅一直高于全国，并以近乎10年10倍的速度上涨。2007年，三亚海景房均价已经超过每平方米1.4万元，房价增长超过30%。就在全国房价开始下调的2008年，三亚商品房平均销售价格为1.0159万元/米^2，与上年同期相比增长36.34%。据媒体报道称，海口和三亚的高级酒店已经被前来炒房的人全部订满。为出行方便，炒房客就地买车，导致近期汽车上牌量上涨了3倍，车管所都忙不过来了。"（摘自《中国商标》）

但我也发现海南的房价有很大的泡沫成分，因为价格高涨，与实际背离，所以很多人不敢贸然购买。这么说来，我有点担心了，还是等等再说吧。

2013.10.1 年底前，是否该提前还贷

"每天醒来想到欠银行的钱就觉得自己是个杨白劳。"这是大多数房奴的心声。

有房一族曾经这样说："每天睁开眼，我就首先想到下个月要还的贷款，所以，我觉得自己每天都在被人催着还债，自己辛苦买房不是成了房的主人，而是成了房的奴隶。"

什么时候才能还完这动辄几十万元、几百万元的贷款啊。

房奴们不仅为此发愁，还为每天高额的利息而犯愁。所以，早早还完贷款是所有房奴的最大心愿。

我也有这样的感觉，尽管能轻松还上房贷，但那种每个月都从账户里面划走一笔钱的感觉可真不好受。所以，如何尽快还完房贷，让自己无债一身轻，成了我这房奴的一个良好愿望，而动辄几十万元甚至上百万元的房贷却不是那么轻易就能还完的。而今，我手里虽然有了一些钱，但也不清楚到底是否该选择提前还贷，所以，我咨询了银行的贷款部门。

他给我详细回答了之后，我总结了以下几点：

商业贷款还款过半不用急

目前，房贷还款分为等额本息和等额本金两种。因此，是否提前还贷应参考各自选择的贷款方式。对于等额本息还款的贷款人而言，由于等额本息的还款是每月还款总额固定，其中还款本金递增，还款利息递减，如果房贷已经还完了一半或是一半以上，这种情况下说明

贷款人已偿还了大部分的利息，那么，剩下来偿还的大部分是本金，因此，提前还贷以此达到节息目的的作用有限，倒不如利用这笔钱投资收益更高的理财产品。

另外，还有一种方式是等额本金还款法，对于这部分的房贷一族来说，客户可根据贷款所剩本金计算还款利息，随着还款时间的增加，所剩本金减少，还款利息也越来越少。当还款期超过1/3时，说明贷款人已还了一半左右的利息，如果此时提前偿还，那么，节省的利息并不多。尤其是前几年用7折或7.5折的低贷款利率购买首套住房的房贷一族们，更应该谨慎思考，如何善用手中的资金，让它们发挥稳定的、长期的、更大的价值。

事实证明，那些处于还款初期的房贷一族提前还贷比较划算，因为还款利息支出通常集中在还款初期（还款总金额不过1/3），所以，贷款一族在还款初期提前还款一般来说是比较划算的。

公积金抵充贷款不必一次还清

对于绝大多数的工薪一族来说，如果有房贷，可以每年提取两次公积金。对于每月公积金缴纳数额较高的贷款人而言，每年可以考虑适当提前偿还一部分房贷，但不必全部偿还，因为一旦房贷全部偿还后，就不可以提前支取自己的公积金了。而且，针对这部分房贷一族，可以用公积金抵充每月的月供，不用因贷款而担心给日常生活带来不便。据了解，按照现有的公积金政策，在岗职工除购房情况外，基本上是无法提前支取公积金的，同时，作为普通上班一族，加之国家的限购政策，又无法多次购房，所以有机会长期提取公积金的情况并不多，不如每年善用这笔钱进行有效利用，既能使自己日常的开支充裕些，也能为投资其他理财渠道而准备资金。

想要省钱还可变更还款方式

提前还房贷的目标就是省息，那么，还有两种方式可以达到这一目的。比如说对于原来以等额本息方式贷款的客户来说，可以在自身经济条件允许的情况下向银行申请变更还款方式，将原有的等额本息还款方式变更为等额本金还款，这样做可以达到省息的目的。因为等额本息每期还款金额都是相同的，即每月本金加利息总额相同，但同时利息负担相对较多，而等额本金又叫"递减还款法"，即每月本金相同，利息不同，前期还款压力大，但后期的还款金额逐渐递减，利息总负担较少。举例来说，以贷款100万元20年期（以基准利率5.94%计算）计算，采用等额本息还款法，利息超过71万元；而采取等额本金还款，支付利息款为59.6475万元，两者相比，利息相差11万元左右。

还有一种方式，房贷一族也可以尝试，那就是提前还款选择缩短贷款期限的做法。因为房贷一族选择缩短贷款期限，那么在月供不变的情况下，还款周期会加快，从而达到节省利息的目的。

相关提醒：

还清贷款别忘撤销抵押登记

市内银行人士昨日提醒市民，在还清住房贷款时，房产持有人需要到银行办理撤销抵押登记，再到房管局撤销抵押登记，这时房主才对房产拥有完整的所有权。

据了解，在10多年前，国家大面积施行住房货币化政策，银行开始对居民住房贷款"开闸"办理。从21世纪初开始到2003年前后，我国迎来第一波房贷高潮。当时的住房贷款期限基本为10~15年，如今10年已经过去，很多首批房贷族也将进入无债一身轻的状态。当时郑州市的房屋总价多在10万~30万元，市民贷款额度大多在20万元以下，每个月还款多在1000元左右。

对于即将还清住房按揭贷款的居民来说，银行人士提醒，还完房贷还需撤销抵押登记，这样才能拥有完整产权。按照目前商业银行的操作程序，在办理住房贷款时，银行一般会对房产做抵押登记，而带抵押登记标志的房产证，限制了房产的交易和再抵押。而在还完贷款之后，房产持有人需要到银行进行撤销抵押登记的程序，等到购房者和银行办完结算手续后，再到房管局撤销抵押登记，这时房主才对房产拥有了完整的所有权。也有一部分购房者，在办理贷款时曾经办理过担保手续，这样的客户还需要到担保公司去办理撤销担保手续，然后才能到房管局办理相关的产权手续。

2013.12.19 我想"面朝大海，春暖花开"

好像起床后不去推开窗看看天气就不想起床了似的，今天早上起床后头有些昏沉沉，但我照样看了看灰蒙蒙的天，心情更加不爽，心里直想着一个词：雾霾。

雾霾很早就有了，但也许我们都忽略了，只是近几年被各种新闻、专家说得可怕至极。传说雾霾能进入并沾附到下呼吸道和肺叶中，并渗到血液里，引发肺病、心脏病和癌症。说到癌症，我突然有一种可怕的感觉，因为父亲就是患这个病去世的。我抬头看了看朦胧得很有诗意的天空，一股悲凉却悄然袭上心头。

"不敢出门了"，我在心里默默地说，但公司的一大堆事还在等着我。我只好穿上厚厚的外衣，戴上口罩，强行走出家门。

道路上稀稀落落的人在赶着上班，他们大都戴着口罩，看来雾霾真让人害怕啊。今天我选择坐公交车，车上的气氛很沉闷，好像这天气一样让人心烦。我看着白蒙蒙的天，忽然联想到一个问题：这个鬼天气会不会引发一系列社会问题或者经济问题？比如，会不会让一大批人不敢出门了，然后他们就宅在家里，不再工作了，也不挣钱了，如果这样，那肯定会让有些人从中获得暴利，一夜致富，也有可能让有些人一下子从富人变成穷人，一无所有。

如果真是这样了，我就立马辞掉工作，从此天天宅，享受人生。

我这样想着，却又很快推翻了这种想法，不管天气再怎么可怕，人们都不会这么做，不是吗？因为现在这个社会，每一个人都不是轻松的，生存压力那么大，怎么可能让自己休息呢。

是啊，我继而想到，那么我要工作到什么时候呢？是垂垂老矣，还是50岁或60岁？谁知道呢。或许我会早早退休，过"面朝大海，春暖花开"的生活，又或许我会放下一切，去周游世界，更或许我会"春蚕到死丝方尽，蜡炬成灰泪始干"。

不管怎样，挣钱是王道，没有足够的钱，想周游世界也等于放屁，没有足够的钱，想早早退休也不可能，到时候孩子上学、结婚买房不都要我们这些父母买单吗？

想到这里，我一阵恐慌，仿佛未来就在眼前，再也不像从前那样觉得遥遥无期了。

所以，我站在现实里好好地理了理头绪：首先，我要继续努力工作，然后，我要每天坚持理财。

2014.1.1　理财理出哲学家

刮了几天的北风，今天，太阳终于出来了，吃过午饭，宝宝在我怀里沉沉地睡着了。我坐在阳台上，看着外面暖暖的阳光照过大大的玻璃窗，听着儿子均匀的呼吸声，忽然觉得自己就是所谓的幸福的小女人吧。不是吗，一向自诩为丑小鸭的我，能够拥有今天的幸福生活，真的是比做梦还有趣。

我想起几年前，自己在城中村中居住，屋里一年四季都是昏暗的、压抑的，那时候我们是多么盼望有个窗明几净的房子，可以痛痛快快地享受阳光的照射；而今，我靠自己的努力实现了愿望，住上了高高的楼房，告别了长期的租房生涯。想到这儿，我情不自禁地笑了，对儿子喃喃道：宝宝，你真幸福，一出生就有大房子住，而你妈妈快30岁了才住上这么好的房子啊。

是啊，现在的孩子是多么幸福啊，他们赶上了好时代，不愁吃，不愁穿，如果再赶上个好家庭，那真的是含着金汤匙出生的人啊，那可比《红楼梦》里的贾宝玉幸福多了，贾宝玉再怎么享福，他也看不上《奥特曼》，也坐不了过山车，更玩不上ipad。

但是，话说回来，如果不是父母大人给他们创造这么好的条件，他们也不会这么快活，所以，他们应该感谢父母当初的勤奋、头脑、胆识、汗水，也更需要自己以后勤奋努力，方能从容地享受更美好的生活。

想了这么一大圈，我忽然觉得自己变得成熟了，俨然一个哲学家，人家都说实践出真知，我要说，理财出哲学家，能从理财中悟出生活的真谛，悟出人生的智慧，真的是一件有趣的事啊！

在这里，忘了跟大家报告了，本女子早于2013年1月就结婚了，这不刚刚有了小宝宝，以后家里多了一口人，花钱的地方更多了，所以，本女子还得再接再厉，不断理财，不断致富！

后　记

　　本书在创作过程中，以下人员参与了资料的提供和部分内容的编写工作，他们是：吴建军、于书红、于松伟、冯金辉、李跃芬、白义春、李远琛、曹国辉、张东东、张利娟、王博、李海良、齐红、孙智国、李勇华、吴会霞、王娟、楚燕、楚亚婷、吴会朝、迟学义、楚智杰、马新科、李利平、常静芳、曲晶。

　　在此，特向他们表示感谢。